FORSCHUNGSBERICHTE
DES WIRTSCHAFTS- UND VERKEHRSMINISTERIUMS
NORDRHEIN-WESTFALEN

Herausgegeben von Staatssekretär Prof. Dr. h. c. Dr. E. h. Leo Brandt

Nr. 554

Prof. Dr.-Ing. Harald Müller
Leiter des Elektrowärme-Institutes Essen

Untersuchung von Elektrowärmegeräten
für Laienbedienung hinsichtlich Sicherheit
und Gebrauchsfähigkeit

II. Temperaturen an und in schmiegsamen Elektrogeräten

Als Manuskript gedruckt

Springer Fachmedien Wiesbaden GmbH
1958

ISBN 978-3-663-19945-8   ISBN 978-3-663-20290-5 (eBook)
DOI 10.1007/978-3-663-20290-5

Gliederung

I. Einführung in das Problem . . . . S. 5

II. Die thermische Beanspruchung von Heizkissen als physiologisches Problem und die physikalische Lösung der Prüfschaltung . . . . S. 9

III. Werkstoff- und Anordnungsfragen im Zusammenhang mit der Prüfanordnung . . . . S. 16

IV. Durchführung der Messungen an besonders hergestellten Meßheizkissen . . . . S. 25

    1. Meßeinrichtung . . . . S. 25

    2. Meßergebnisse . . . . S. 27

V. Untersuchungen von fabrikneuen und gebrauchten Heizkissen . . . . S. 35

    1. Vergleichsmessungen zwischen Meßheizkissen und fabrikneuen Heizkissen gleicher Bauart . . . . . . S. 35

    2. Vergleichsmessungen an fabrikneuen und gebrauchten Heizkissen . . . . S. 37

    3. Vergleichsmessungen an einem fabrikneuen Ein- und Zweikreis-Heizkissen in verschiedenen Meßanordnung. S. 37

VI. Messungen an Versuchspersonen zur Feststellung der Brauchbarkeit und der Bedeutung der Prüfergebnisse . S. 47

VII. Versuchsmäßige Nachahmung des Falles der teilweisen Abdeckung . . . . S. 52

VIII. Schlußfolgerungen für die zu erwartenden Meßgenauigkeiten bei Vereinfachung des Meßverfahrens gegenüber Schirmring-Prüfschaltung und die Beziehungen zwischen Meßwerten in der Prüfschaltung und den Gebrauchswerten . . . . S. 54

IX. Zusammenfassung . . . . S. 55

X. Literaturverzeichnis . . . . S. 56

Forschungsberichte des Wirtschafts- und Verkehrsministeriums Nordrhein-Westfalen

I. Einführung in das Problem

Schmiegsame Elektrowärmegeräte, wie Heizkissen, neuerdings beheizte Bett- und Schlafdecken, beheizte Fliegeranzüge stellen in bezug auf Sicherheit die höchstbeanspruchten Elektrowärme-Geräte in Laienhand dar. Bei der Herstellung und deren Überwachung muß also ein Höchstmaß an Zuverlässigkeit vorausgesetzt werden, damit im Betrieb das Gerät einen Sicherheitsgrad erreicht, der Unfälle und Sachschäden auf ein Mindestmaß begrenzt. Das Mindestmaß ist durch leichtfertigen Gebrauch und Nichtbeachtung des Umstandes gegeben, daß jede Art von Energie nicht nur für den Benutzer Vorteile bringt, sondern bei unsachgemäßer oder fahrlässiger Handhabung Anlaß zu Schäden werden kann.

Die vom VDE aufgestellten Sicherheitsvorschriften für schmiegsame Heizgeräte - in dem ursprünglichen Sinne nur Heizkissen - waren zunächst in der Vorschrift VDE 0720 enthalten. Seit 1938 sind sie als selbständige Vorschrift VDE 0725 aufgestellt worden, da die Geräte ihrem Charakter nach schwer sich mit anderen Elektrowärmegeräten für Laiengebrauch sicherheitsmäßig auf eine Stufe stellen lassen[1].

Das Heizkissen weicht in seinem Aufbau wesentlich von den anderen Haushalts-Elektrowärmegeräten ab. Bei der Aufstellung einer Vorschrift besteht naturgemäß die Gefahr, daß bei ihrer Anlehnung an andere oder gar Kopplung mit anderen Vorschriften für Haushalt-Elektrowärmegeräte die versuchsmäßige oder prüfungsmäßige Beurteilung der Sicherheit den tatsächlichen Verhältnissen des Sondergerätes unter Umständen nicht genügend Rechnung tragen kann.

Bei den sonstigen Elektrowärmegeräten für Laiengebrauch, die bei den bei unsachgemäßem Gebrauch möglichen hohen Temperaturen in und an den Geräten und in ihrer Nachbarschaft zu Gefährdungen Anlaß geben können, kann man durch Temperaturbegrenzer oder Temperaturregler den Folgen fahrlässigen Gebrauchs entgegenwirken. Bei den schmiegsamen Elektrowärmegeräten ist von vornhinein diese Schutzmaßnahme vorgesehen und eingebaut

---

1. Interessanterweise hat die CEE (COMMISSION INTERNATIONALE DE RÉGLÉMENTATION EN VUE DE L'APPROBATION DE L'ÉQUIPPEMENT ÉLECTRIQUE) die schmiegsamen Elektrowärmegeräte im Anhang zur Publikation 11 als Haushaltelektrowärme-Geräte mit behandelt. Die neuerliche Einstellung der CEE wird u.U. eine Änderung der deutschen Auffassung zur Folge haben, zumal die Standpunkte in bezug auf die Temperaturforderungen sich auf der letzten Sitzung des Frühjahrs 1957 angenähert haben

worden. Durch Wahl einer genügend großen Zahl von Temperaturreglern, die über die Gesamtfläche des schmiegsamen Elektrowärmegerätes verteilt angeordnet sind, kann man auch einer zu hohen Temperatur des schmiegsamen Elektrowärmegerätes entgegenarbeiten; diese könnte z.B. dadurch entstehen, daß bei Vorhandensein nur eines oder mehrerer, aber ungünstig verteilter Regler und nur teilweiser Abdeckung des schmiegsamen Elektrowärmegerätes die Regler günstigeren Wärmeabführungsverhältnissen unterworfen sind als das Elektrowärmegerät an sich. Sie würden dann noch nicht abschalten, obwohl die Temperatur an anderen Stellen des schmiegsamen Elektrowärmegeräts bereits die zulässige Höhe überschritten hätte. Durch geeigneten Einbau der Temperaturregler und durch geeignete Wahl der Temperaturreglerart läßt sich dieser Gefahrenmöglichkeit mit Sicherheit begegnen.

Weiter können die beim Gebrauch der Elektrowärmegeräte auftretenden Temperaturen bei Verwendung ungeeigneter Werkstoffe zu deren Zerstörung führen. Die Werkstoffe für alle, nicht nur die schmiegsamen Elektrowärmegeräte, müssen so ausgewählt sein, daß sie keiner vorzeitigen Alterung unterliegen; die Gebrauchstemperaturen dürfen also nur so hoch liegen, daß eine das zulässige Maß überschreitende Alterung nicht eintritt. Auf der anderen Seite muß ein schmiegsames Elektrowärmegerät aber auch in der Lage sein, das Wärmebedürfnis des Benutzers zu erfüllen. Die Anforderungen der Benutzer sind aber sehr unterschiedlich in bezug auf die Höhe der Temperaturen. Unter den schmiegsamen Elektrowärmegeräten differieren besonders bei den Heizkissen die Anforderungen der Benutzer stark. Ein solches Heizkissen muß auch in leichteren Erkrankungsfällen im Haushalt Hilfe bringen können, wobei meistens höhere Anforderungen an die Wärmeabgabe gestellt werden. Von den Anforderungen, die in Krankenhäusern an Heizkissen gestellt werden müssen, soll hier abgesehen werden, weil dort Heizkissen und gegebenenfalls auch Heizdecken von eingewiesenem Personal gehandhabt werden und damit eine Gewähr für sachgemäße Benutzung und der Überwachung gegeben ist.

Zweck einer Prüfung von Geräten für Laienbedienung soll ein mehrfacher sein:

1) Die betriebsmäßige Beanspruchung soll möglichst getreu nachgeahmt werden. Durch eine gewisse Übersteigerung der Beanspruchung soll versucht werden, zeitraffend zu wirken, um Alterungserscheinungen

erfassen zu können. Dabei muß besonders Rücksicht darauf genommen werden, daß nicht durch Überschreiten von Grenztemperaturen bei bestimmten Werkstoffen ein falsches Bild in bezug auf die Alterung entsteht. Dieses Problem liegt nicht nur bei anorganischen, sondern in erhöhtem Maße bei organischen Werkstoffen vor.

2) Die Möglichkeit einer Veränderung eines Gerätes durch unsachgemäßen Gebrauch soll nachgeprüft werden, damit auch trotz Belehrung des Benutzers durch Anweisungen oder dergl. eine höchstmögliche Sicherung gegen Gefährdung erreicht wird.

3) Das Prüfverfahren soll physikalisch eindeutig sein, ohne einen unvertretbaren Aufwand an Prüfmitteln und Zeit zu erfordern.

4) Das Prüfverfahren soll reproduzierbare Werke ergeben, damit Hersteller und Prüfstellen an demselben Gerät zu gleichen, nur mit den versuchsbedingten Streuungen behafteten Ergebnissen gelangen.

Gerade diese letzte Forderung ist sehr oft, zumal bei den schmiegsamen Elektrowärmegeräten, nicht erfüllbar gewesen. Deshalb schien es notwendig zu sein, zunächst einmal in einer physikalisch einwandfreien Anordnung zu messen und dann zu einem Prüfverfahren zu kommen bzw. durch Vergleichsversuche zwischen dem exakten Verfahren und einem vorgeschlagenen Verfahren festzustellen, ob dieses den obigen Gesichtspunkten 3) und 4) genügt.

Wichtig scheint jedoch folgender Hinweis zu sein. Die vorliegende Arbeit befaßt sich bewußt nur mit der Frage der Temperaturen an und im elektrischen Heizkissen, für das Prüfvorschriften bereits vorliegen. Leider ist in Kreisen, die sich mit durch Heizkissen verursachten Schäden befassen, der Eindruck vorherrschend, daß dieser Frage das Hauptaugenmerk zuzuwenden sei. Tatsächlich müssen drei Beanspruchungen versuchsmäßig nach Ansicht des Verfassers besonders untersucht werden, wenn die Vorschriften bestmögliche Prüfungen auf Gebrauchssicherheit fordern sollen. Nennt man sie in der Reihenfolge, die nach Meinung des Verfassers ihrer Bedeutung am nächsten kommt, so müßte man prüfen auf:

1) chemische Sicherheit, d.h. hier im wesentlichen Sicherheit gegen Durchfeuchtung,

2) mechanische Sicherheit, d.h. hier im wesentlichen Sicherheit gegen Knickung,

3) thermische Sicherheit, d.h. hier im wesentlichen auf den Einfluß der Abdeckung bei der Benutzung.

Die Reihenfolge gibt zugleich die anteilige Größe der Beanspruchungen durch den Benutzer wieder.

1. Chemische Sicherheit

Mit der Durchfeuchtung wird man vor allem rechnen müssen, weil die lokale Wärmezufuhr den Körper an den Zuführungsstellen zum Schwitzen veranlassen wird. Schweiß enthält aber neben Wasser auch Säuren und gelöste Salze, die zur Korrosion des Heizleiters führen könnten[2]. Als Abhilfe könnte man einen Überzug verwenden, der diesen chemischen Einflüssen bei den erforderlichen Betriebstemperaturen gewachsen ist. Festgestellt werden muß jedoch, daß die gültigen VDE-Vorschriften auf diese chemische Beanspruchung zum mindesten bei der Prüfung keine Rücksicht nehmen, sondern lediglich eine Feuchtigkeitsprüfung kennen. Das gleiche gilt von dem in Bearbeitung befindlichen Entwurf der internationalen Vorschrift. Außer der Korrosion, die indirekt zu Wärmewirkungen führen kann, weil sich ein Lichtbogen mit nachfolgender Entzündung der Textilien auszubilden vermag, besteht auch noch die Gefahr, daß durch die Feuchtigkeit eine Überbrückung von Heizleiterwindungen entsteht und damit der Gesamtwiderstand verringert wird. Dadurch aber vergrößert sich die aufgenommene Stromstärke und kann, wenn die Feuchtigkeit lange genug bestehen bleibt, zu stärkeren örtlichen Überhitzungen des Heizkissens an anderen Stellen und damit unter Umständen zur Entzündung von Textilien führen.

2. Mechanische Sicherheit

Der mechanischen Beanspruchung wird durch Falt- und Quetschprüfungen Rechnung getragen. Mechanische Beanspruchungen können thermische Überlastungen zur Folge haben. So kann durch sie Drahtbruch entstehen. Die Folge davon kann Lichtbogenbildung und anschließendes Brennen der Textilien des Kissens und auch der Umgebung sein. Ferner kann auch eine örtliche Überhitzung durch Zusammenschieben von Windungen in der Heiz-

---

2. Unfälle haben gezeigt, daß Heizkissen den Einwirkungen des Urins ausgesetzt worden sind, wenn man sie ohne genügend feuchtigkeitsundurchlässige Abdeckung Säuglingen untergelegt hat

kordel entstehen. Die Feststellung solcher Beschädigungen wäre für die Klärung von Brandursachen sehr wichtig und die Entwicklung eines einfachen Prüfverfahrens lohnend.

II. Die thermische Beanspruchung von Heizkissen als physiologisches Problem und die physikalische Lösung für die Prüfschaltung

Heizkissen werden entweder zum Anwärmen eines Bettes benutzt oder auf den Leib gebracht bzw. unter ihn gelegt. Im ersteren Falle liegt eine verhältnismäßig einfache physikalische Anordnung vor, die in Abbildung 1 dargestellt ist. Man kann sie, wie wir noch sehen werden, physikalisch durch eine exakte Anordnung so realisieren, daß die in Abschnitt I

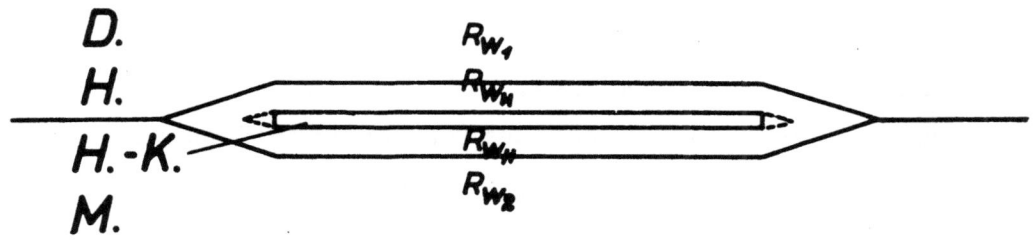

Abbildung 1

Ersatzanordnung für ein Heizkissen in einem Bett zu dessen Erwärmung
(Das Heizkissen ist schematisch dargestellt)

R_{W1} Wärmewiderstand des Deckbettes D.
R_{W2} Wärmewiderstand der Matratze M. mit Auflage
R_{WH} Wärmewiderstand des Heizkissens H. einseitig
H.-K.   Heizkordel (Heizkörper im Heizkissen)

(Die gestrichelt gezeichneten Dreiecke sollen auf die möglichen Luftpolster bei nicht genügend anschmiegsamer Deckbett- und Matratzenanordnung hinweisen)

erhobene Forderung der Reproduzierbarkeit gewährleistet ist. Anders steht es mit dem Ersatz der unmittelbaren Körperbeheizung durch eine physikalische Anordnung. Hier spielen Körperaufbau, Wärmeempfindlichkeit und Gesundheitszustand eine wahrscheinlich wesentlich größere Rolle als die reinen, nebenher ablaufenden physikalischen Vorgänge. Wir haben hier das gleiche Bild vor uns wie bei der Raumheizung. Dort hat man durch umfassende Messungen statistisch Kurven des sogenannten Behaglichkeitsgefühls aufgestellt, die einen gewissen Zusammenhang zwischen dem Einfluß der relativen Luftfeuchtigkeit und der Temperaturhöhe ergeben. Qualitativ ist dieser Zusammenhang schon lang bekannt. Bei Heizkissen sind derartige Messungen noch nicht in genügendem Umfang durchgeführt bzw. veröffentlicht worden. Im Abschnitt VI dieses Berichtes werden eine Reihe solcher bislang unveröffentlichten, im Elektrowärme-Institut durchgeführten Messungen behandelt.

Aus diesen Gründen heraus hat man dem Benutzer des Heizkissens die Möglichkeiten an die Hand gegeben, durch Wahl der Heizleistung, die in drei verschiedenen Größen zur Verfügung gestellt wird, den gewünschten Behaglichkeitsgrad selbst zu wählen. Dabei ist wichtig, daß die obere Grenze der einstellbaren Heizleistung einerseits so hoch liegen muß, daß der Benutzer auch in leichteren Krankheitsfällen das dann notwendige, höhere Temperaturen an der Heizkissenoberfläche erfordernde Behaglichkeitsgefühl herstellen kann, andererseits aber im Heizkissen bei dieser höchsten Temperatur an der Heizkissenoberfläche die verwandten Werkstoffe keine unzulässige Beanspruchung erfahren.

Aus dem Gesagten folgt, daß der zuerst behandelte Fall, der in Abbildung 2 zugrunde liegt, sich physikalisch leichter wird erfassen lassen als der zweite. Vorwegzunehmend kann aber gesagt werden, daß die Temperaturen an der Heizkissenoberfläche im allgemeinen immer niedriger liegen werden als bei der Anordnung nach Abbildung 1, weil der menschliche Körper die Oberflächentemperatur durch entsprechend stärkere Blutzufuhr in die Haut, also durch konvektive Maßnahmen auf das gewünschte Maß in gewissen Grenzen drücken kann. Diese Temperaturen liegen aber niedriger, als im Falle der Abbildung 1, wo die Wärmewiderstände meistens relativ hoch liegen. Die Festlegung der Wärmewiderstände R_{w1} und R_{w2} bestimmen letzten Endes die Temperaturen im und am Heizkissen. Legen wir einmal homogenes Feld zugrunde und wählen wir außerdem R_{w1} gleich R_{w2}, so ergibt sich für die Temperaturverteilung nach dem Ohm'schen Gesetz für den Wärmestrom die Abbildung 2. Der Wärmestrom[3] ist gleich der dem Heizkissen entnommenen Leistung. Diese ergibt sich aus dem Anschlußwert und dem Regelspiel. Heizkissen arbeiten mit einer sogenannten Zweipunktregelung, üblicherweise mit einer Aus-Ein-Regelung. Möglich ist aber auch eine Stark-Schwachregelung, wenn

---

3. etwa zu messen in kcal/h oder in W

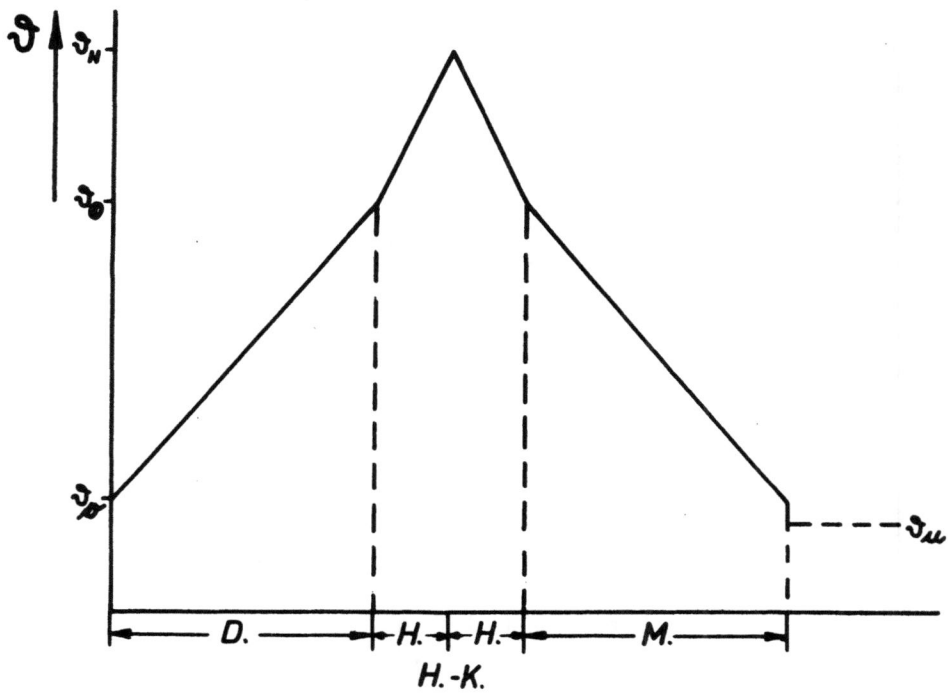

Abbildung 2

Temperaturverteilung in einer Anordnung nach Abbildung 1, wobei R_{W1} gleich R_{W2} gesetzt ist;

ϑ_H Temperatur des Heizleiters in der Heizkordel;
ϑ_o Temperatur der Oberfläche des Heizkissens H.;
ϑ_σ Temperatur der Oberfläche des Deckbettes D. bzw. der Matratze M.;
ϑ_u Temperatur der Umgebung der Anordnung

nur Teile der Heizkissenwicklung durch den Regler zu und abgeschaltet werden können. Voraussetzung ist dann nur, daß der dauernd eingeschaltete und der zu- und abschaltbare Teil miteinander verschachtelt wird.

Ist die vom Heizkissen in einer Anordnung nach Abbildung 1 abgegebene Leistung, also der Wärmestrom N_a, so gilt

$$\dot{\emptyset}_a \cdot R_{W1} = \vartheta_o - \vartheta_\sigma = \dot{\emptyset}_a \cdot R_{W2} \tag{1}$$

$$\dot{\emptyset}_a \cdot R_{wH} = \vartheta_H - \vartheta_o \tag{2}$$

In den Gleichungen sind alle Größen aus Abbildung 1 bis 3 zu entnehmen. Für den Wärmeübergang auf die Umgebung gilt schließlich

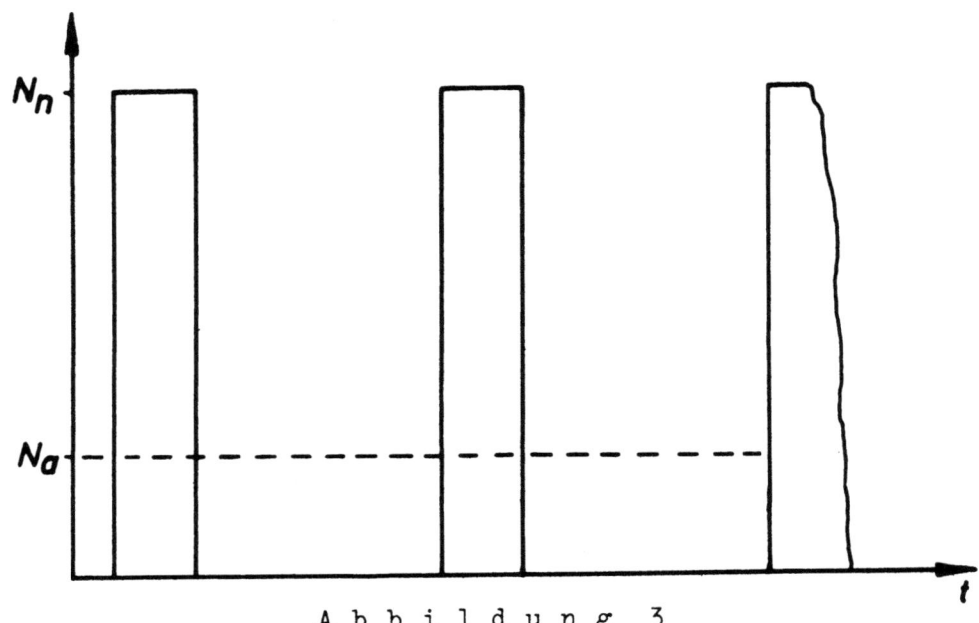

Abbildung 3

Tatsächliche Leistungsabgabe N_a eines Heizkissens mit dem Anschlußwert N_n bei Ein-Aus-Regelung des angenommenen Regelspieles

$$\phi_a = \alpha \cdot F (\vartheta_\sigma - \vartheta_u) = N_a \tag{3}$$

Hierin sind F die einseitig gerechnete Oberfläche des Heizkissens, α die Wärmeübergangszahl und $\vartheta_\sigma - \vartheta_u$ der Temperatursprung zwischen Deckbettoberfläche und umgebende Luft.

Das Ohmsche Gesetz für den Wärmestrom zeigt in Gl. (2) den Weg, bei Vorhandensein eines homogenen Feldes die für die Werkstoffbeanspruchung im Heizkissen richtigen Temperaturen ϑ_H und $\vartheta_\varnothing$ bestimmen zu können, wenn man nach Gl. (1) eine bestimmte Temperatur ϑ_σ und andererseits die Größe der abgegebenen Leistung N_a festlegt. Voraussetzung ist ein homogenes Feld. Dieses kann man in einer Schirmringanordnung [1], auch bei durchzumessenden Anordnungen etwas komplizierten Aufbaues, wie es Heizkissen sind, mit großer Annäherung erzeugen. Man verwendet sinngemäß besondere Schirmringheizkissen nach Abbildung 4, die getrennt beheizt werden. Die Temperaturen $\vartheta_\varnothing$ und ϑ_σ werden an einer größeren Reihe von Punkten gemessen, um eine gleichmäßige Temperatur in jeder Trenn- bzw. Berührungsflächen F_1 und F_2 zwischen den Heizkissen M.-H.-K. und Sch.-H.-k 1 bis 4 einerseits und den Wärmedämmstoffschichten W.-D. andererseits zu halten, sodaß sie als Äquipotentialflächen der Temperatur angesehen werden können. Auch die Außenflächen F_3 und F_4 werden in

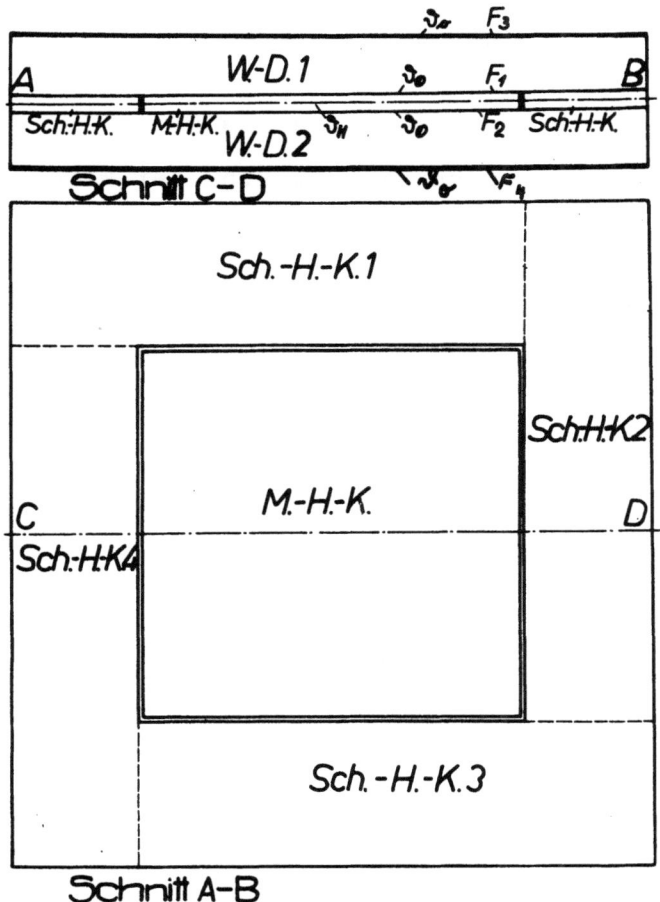

Abbildung 4

Vertikalschnitt C - D und Horizontalschnitt A - B durch eine Heizkissen-
prüfanlage in Schirmringanordnung

Meßheizkissen M.-H.-K.

Schirmring-Heizkissen Sch.-H.-K. 1 bis 4

Die eingetragenen Temperaturen ϑ_H, ϑ_O und ϑ_σ siehe Abbildung 2.
Die gestrichelten Linien im Schnitt A B stellen die Stoßfugen zwischen
den 4 Schirmring-Heizkissen dar

der ganzen Ausdehnung auf gleicher Temperatur ϑ_O gehalten. Die Höhe
der Wärmedämmstoffschichten bestimmt die Breite der Schutzringe und ist
ihrerseits durch die folgenden Bedingungen festgelegt:

1) Die zurzeit noch gültige Vorschrift für schmiegsame Elektrowärmegeräte VDE 0725/III. 42 legt in § 27a die Temperaturdifferenz zwischen
   Umgebung und Heizkissenoberfläche zu etwa 50° größenordnungsmäßig
   fest. Für die Versuchsanordnung nach Abbildung 4 bedeutet dies, daß

$$\vartheta_o - \vartheta_u = 50 \text{ grd} \qquad (4)$$

2) Nach der gleichen Vorschrift muß die Möglichkeit bestehen, dem Heizkissen 20 W bzw. 6 W zu entziehen, d.h. der Wärmestrom muß auf 20 W oder 6 W eingestellt werden können.

Somit liegt der Wärmewiderstand der Wärmedämmstoffschicht durch die Beziehung fest

$$R_{W1} = R_{W2} = \frac{\vartheta_o - \vartheta_u}{N_a} \qquad (5)$$

Im vorliegenden Fall gilt also

bei 20 W Wärmeentzug $\qquad R_{W1} = R_{W2} = \frac{50 \text{ grd}}{20 \text{ W}} = 2,5 \text{ grd/W}$

bei 6 W Wärmeentzug $\qquad R_{W1} = R_{W2} = \frac{50 \text{ grd}}{6 \text{ W}} = 8,33 .. \text{ grd/W}$ (5a)

Obwohl international der Wärmeentzug auf rd. 20 W festgelegt worden ist, wurde die Versuchsanordnung so bemessen, daß die Breite der Schirmring-Heizkissen auch für den hohen Wärmewiderstand R_{W1} im Bereich des Meßheizkissens noch ein homogenes Feld gewährleistet. Dabei ist gleicher Werkstoff für die Wärmedämmung vorgesehen; andere Widerstände werden durch andere Wahl der Schichtdicken eingestellt. Abbildung 5 zeigt das im elektrolytischen Trog [2] aufgenommene Feldbild für eine relativ hohe Wärmedämmstoffschicht W.-D. 1 bzw. W.-D. 2. Man erkennt, daß der Randeinfluß erst in dem nach außen liegenden Teil des Feldes zwischen Fläche Sch.-H.-k. und F 4 sich bemerkbar macht. In Abbildung 6 ist die für die Heizkissenversuche endgültig gewählte Anordnung im Schnitt dargestellt.

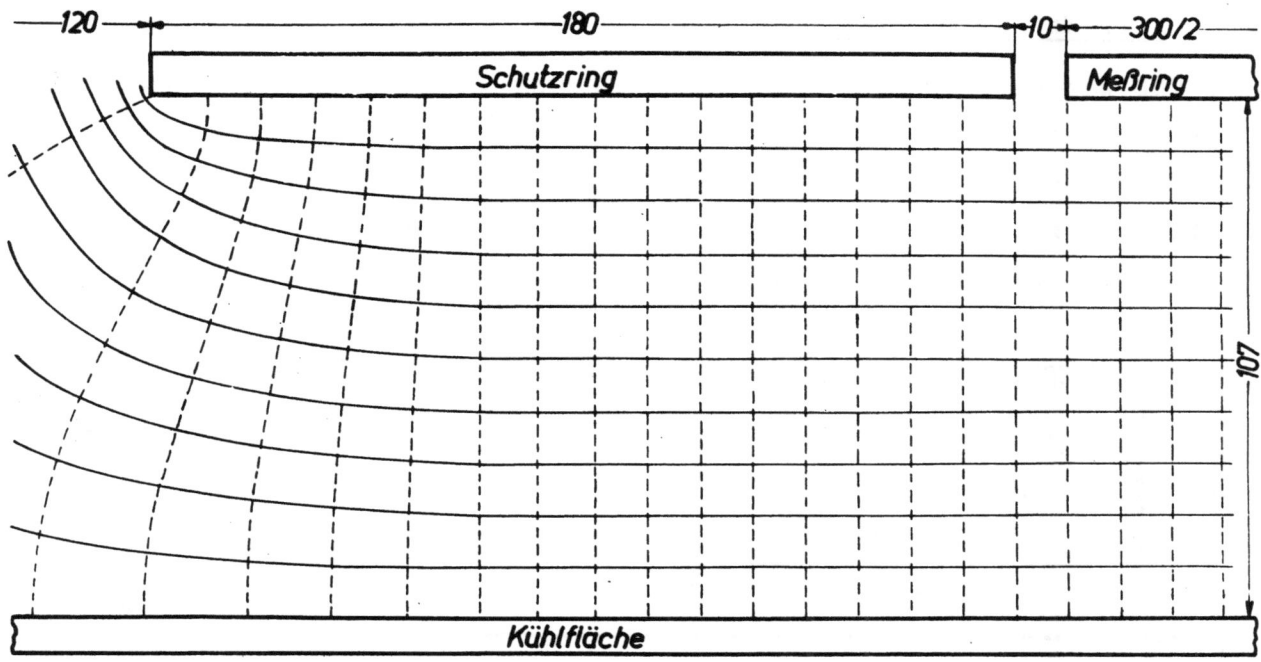

Abbildung 5

Nachbildung des Temperaturfeldes einer Schirmringanordnung im elektrolytischen Trog für eine Leistungsabgabe von 6 W. Die eingetragenen Maße entsprechen den kleinsten Längenausdehnungen eines Schirmring-Heizkissens und der halben des Meßheizkissens (180 mm bzw. 300 mm). Der Abstand von 107 mm zwischen den Metallschienen, die das Schirmring- und Meßheizkissen bzw. deren Hälfte und die Außenfläche F 4 darstellen, entspricht der Dicke α der Wärmestoff-Schicht bei 6 W Wärmeentzug. Die Dicke der "Schutzring- bzw. Meßringschiene" entspricht der Dicke des Heizkissens. Die Breite des Schutzspaltes ist s = 10 mm

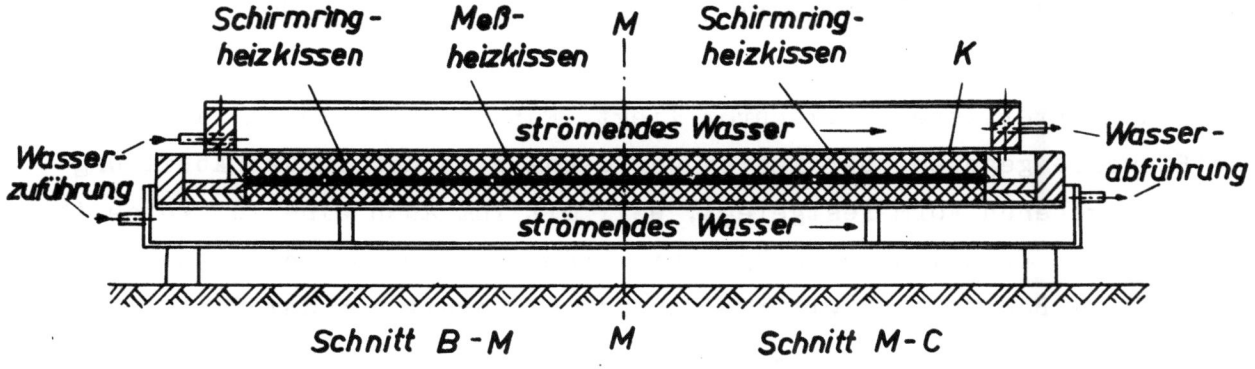

Abbildung 6

Schirmringanordnung zur Untersuchung von Heizflächen mit dem Seitenverhältnis 30 : 40. Die Anordnung ist durch bewegliche Aufhängung des Oberteiles mit Gegengewichten druckfrei. Prinzipskizze als Schnitt durch die schematisch dargestellte Versuchsanordnung von Abbildung 4

III. Werkstoff-Fragen im Zusammenhang mit der Prüfanordnung[4]

Vom VDE war nach langen Vergleichsversuchen Korkschrot als Wärmedämmstoff zur Steuerung der Wärmeabgabe des zu prüfenden Heizkissens gewählt worden. Ausgehend von dem Gedanken, einen möglichst einfachen Prüfaufbau zu schaffen, hatte man einen Prüfkasten entwickelt, wie ihn Abbildung 7 zeigt. Das Heizkissen liegt zwischen zwei Textilflächen,

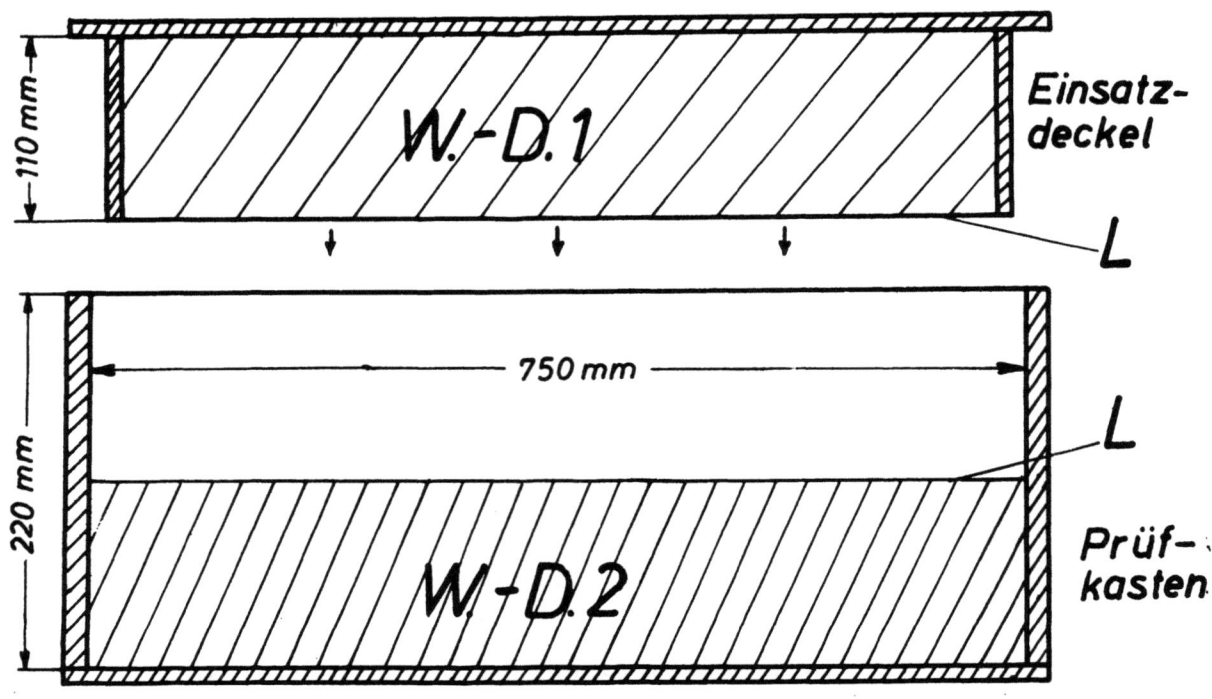

A b b i l d u n g 7
VDE-Prüfkasten nach VDE 0725/7. 50. § 27 Abbildung 2 für Wärmeentzug
6 W $\pm$ 20 %; W.-D.1, W.-D.2 Korkschrot, L. Leinenabspannung

über und unter denen Korkschrot liegt. Für den Korkschrot waren gewisse Hinweise gegeben. Der Kasten war deshalb in der in der Abbildung wiedergegebenen Form festgelegt, weil mit ihm auch eine teilweise Abdeckung des Heizkissens nachgeahmt werden sollte. Gerade diese für die prüfmäßige Beurteilung wichtige Anordnung konnte von dem Kasten deswegen nicht erfüllt werden, weil bei dem tatsächlichen Gebrauch wohl immer die eine Seite des Heizkissens voll auf einer Wärmedämmstoffschicht der Matratze aufliegen wird und andererseits das Einpressen in und

---

4. Die Messungen wurden von Herrn Dipl.-Ing. T. BLYDT-HANSEN im Rahmen seiner Diplomarbeit und von Herrn Th. HEGBOM [4] durchgeführt

Knicken des Heizkissens über die Holzkanten des Prüfkastens bestimmt keine Grundlage in den tatsächlichen Beanspruchungen findet. Darauf mögen auch die immer wieder feststellbaren Widersprüche in den Meßergebnissen bei den verschiedenen Prüfstellen herrühren. Messungen von T. BLYDT-HANSEN im Elektrowärme-Institut Essen-Langenberg im Rahmen einer größeren Arbeit haben auch die Schwierigkeiten aufgezeigt, die der Korkschrot als Wärmedämmstoff an sich bietet. Die Meßanordnung, mit der T. BLYDT-HANSEN gearbeitet hat, ist eine Schirmringanordnung, die vom Verfasser [1] in Abänderung einer von M. JAKOB [3] entwickelten Meßanordnung angegeben worden ist. Untersuchungen von Th. HEGBOM [4] beziehen sich auf die Fehlergrenzen bei Verwendung von Klavierfilz als Wärmedämmstoff. Der von ihm verwandte Filz entspricht den in der Ergänzung zur Publikation 11 der CEE in § 9 [7] festgelegten Bedingungen in bezug auf das Gewicht, das $4 \pm 0,4$ kg/m^2 betragen soll. Ein einwandfreier Filz sollte eine Wärmeleitfähigkeit von 0,027 kcal/(m·h·grd), gemessen in der vom Verfasser abgeänderten JAKOBschen [3] Schirmringanordnung, haben. Klavierfilz wurde deshalb vorgeschlagen, weil diese Filze in bezug auf Qualität, also auch mechanische Eigenschaften, wegen der ziemlich schweren Beanspruchung im Klavier und Flügel, ein hochwertiges und gleichmäßig ausfallendes Produkt darstellen. Auf Vorschlag des Verfassers ist diese Filzart auch von der CEE vorgesehen worden. Versuche mit anderen Filzarten haben ergeben, daß die verschiedenartigen Bindemittel, die den Filzfasern beigemischt werden, nicht nur die Anschmiegung des Filzes an die zu messenden Kissen beeinflussen und damit den einigermaßen sicheren Wärmeübergang vom Heizkissen auf den Wärmedämmstoff Filz beeinflussen, sondern auch in ihrer eigenen Wärmeleitfähigkeit weit von dem ursprünglich von der CEE in Aussicht genommenen Wert 0,024 kcal/(m·h·grd) abweichen.

Messungen von T. BLYDT-HANSEN haben ergeben, daß je nach der Körnung des Korkschrots die Wärmeleitfähigkeit eine unterschiedliche ist. Körnungen von 2 bis 15 mm ergaben bei loser Schüttung Wärmeleitfähigkeiten von 0,0172 kcal/(m · h · grd), solche von 10 bis 15 mm 0,0185 kcal/(m · h · grd), Körnungen von 5 bis 10 mm 0,0171 kcal/(m · h · grd), solche von 3 bis 5 mm 0,015 kcal/(m · h · grd), solche von gemahlenem Korkschrot 0,0137 kcal/(m · h · grd). Mit zunehmendem Druck, also festerer Packung nahm die Wärmeleitfähigkeit zu, und zwar bei einer Volumenabnahme infolge der um 10 % festeren Packung um etwa 3 %.

Einen starken Einfluß übt die Luftfeuchtigkeit auf die Wärmeleitfähigkeit aus, wie die Tabelle 1 erkennen läßt. Man sieht daraus, daß es sich entweder empfiehlt, die Wärmedämmstoffe in einem Raum etwa gleichbleibender relativer Luftfeuchtigkeit aufzubewahren, oder eine entsprechende Streuung mit in Kauf zu nehmen. Als übliche relative Luftfeuchtigkeiten sollte man 50 bis 80 % ansetzen.

Die Wärmeleitfähigkeit der Filzproben ändert sich prozentual am geringsten, nämlich um rd. 5 % zwischen 20 % und 80 % relativer Feuchtigkeit, sodaß auch aus diesem Grunde der Klavierfilz den Vorzug gegenüber den anderen Wärmedämmstoffen der Tabelle 1, ausgenommen Glasgespinstmatten verdient. Diese sind aber relativ steif, so, daß es unbedingt ratsam ist, nur mit Schirmring-Heizkissen zu messen, während dies bei Filz nicht unbedingt notwendig zu sein scheint. Der Filz darf naturgemäß ebensowenig gepreßt werden wie der Korkschrot, da seine Wärmeleitfähigkeit bei Zusammenpressung auf 80 % der ursprünglichen Höhe um etwa 6 % steigt.

Schließlich hat Th. HEGBOM [4] auf Bitten des Verfassers eine in Abbildung 8 wiedergegebene Schaltung untersucht, die auch eine Messung der Wärmeleitfähigkeit des als Wärmedämmung dienenden Filzes in der vereinfachten Heizkissenanordnung nach Abbildung 6 darstellt. Wichtig ist aus den Messungen das Ergebnis, daß die in einer solchen Anordnung bestimmte Wärmeleitfähigkeit des Filzes von dem in einer genauen Meßanordnung ermittelten, mit etwa 5 % Streuung behafteten Werten, im Mittel um rd. 16 % abweicht. Man wird also in einer an sich relativ genau arbeitenden Anordnung, wie sie Abbildung 6 darstellt, keine größeren Meßgenauigkeiten als $\pm$ 16 % rechnen können, wozu noch die Streuung in den Werten der Wärmeleitfähigkeit des als Wärmedämmstoff dienenden Pilzes zuzurechnen ist. Man kann also Genauigkeiten größer als etwa $\pm$ 20 % kaum erwarten, selbst wenn man die Schirmring-Heizkissen verwendet, die bei der CEE-Anordnung nicht vorgesehen sind. Den Einfluß der Schirmring-Heizung zeigen die Tabellen 2 bis 4.

Bei den in Tabelle 2 wiedergegebenen Versuchen wurde ein besonderes Einkreis-Heizkissen verwandt, bei dem als Heizwicklung eine mit Platindraht, wie er für Widerstandsthermometer verwandt wird, bewickelte Heiz-

Tabelle 1

Wärmeleitfähigkeit λ in [kcal/(m·h·grd)] von Wärmedämmstoffanordnungen in Abhängigkeit von der Luftfeuchte

Wärmedämmstoffanordnung		20 %	40 %	60 %	80 %	rd. 100 %	Gemessen von
Korkschrot unsortiert	$\lambda =$	0,0166	0,0170	0,0178	0,0191	0,0216	T. BLYDT-HANSEN
5 Glasgespinstmatten	$\lambda =$	0,0244	0,0244	0,0244	0,0244	0,0244	desgl.
1 Wärmedämmpappe	$\lambda =$	0,0248	0,0250	0,0257	0,0268	0,0296	desgl.
Kombination aus 5 Glasgespinstmatten und 1 Wärmedämmpappe	$\lambda =$	0,0285	0,0288	0,0302	0,0326	0,0357	desgl.
Klavierfilz Probe I		0,0268	-----	-----	0,0282	-----	Th. HEGBOM
Klavierfilz Probe II		0,0275	-----	-----	0,0290	-----	Th. HEGBOM

relative Luftfeuchtigkeit

Tabelle 2

Temperaturen ϑ_H des Heizleiters des Platin-Meßheizkissens in der 20 W Anordnung bei einer Leistungsaufnahme von 72,6 W gemäß der Schaltung II der Abbildung 9 bezogen auf 20°C Umgebungstemperatur

Zeit min	Mit Schirmring-Heizung					Ohne Schirmring-Heizung				
	Messung 1 °C	Messung 2 °C	Messung 3 °C	Abwg. °C	Mittelwert °C	Messung 1 °C	Messung 2 °C	Messung 3 °C	Abwg. °C	Mittelwert °C
5	76	72	66	+/- 5	71,3	75	72	73	+/- 2	73,3
10	88	86,5	81	+/- 4	85,1	89	86	88	+/- 2	87,7
15	94	95	89	+/- 4	92,7	97	96	92	+/- 3	95
20	97	101	95	+/- 3	97,7	101	99	96	+/- 3	98,7
25	99	104	99	+/- 3	101,7	102	100	98	+/- 2	100
30	100	104	101	+/- 2	101,7	100	102	101	+/- 1	101
35	100	103	102	+/- 2	101,7	98	99	103	+/- 3	100
40	99	102	102	+/- 2	101,3	97	99	98	+/- 1	98
45	97	99	101	+/- 2	99	96	98	95	+/- 2	96,3
50	95,5	96	99	+/- 2	97	94	96	94	+/- 1	94,7
60	93,5	92	96	+/- 2	93,8	92	92	93	+/- 1	92,3
80	92,5	89	96	+/- 4	92,5	87	92	91	+/- 3	90
100	92,5	86,5	94	+/- 4	91	87	87	90	+/- 2	88
120	92	86	92	+/- 4	90	86	85	89	+/- 2	86,7
140	91,5	85	91	+/- 4	89	86	84	89	+/- 3	86,3
180	91	85	90	+/- 4	88,7	86	84	89	+/- 3	86,3

Bemerkung: Die Werte von ϑ_H sind ohne Heizung der Schirmringe zunächst etwas höher, nach Überschreiten des Höchstwertes etwas niedriger als mit Heizung; die Unterschiede bleiben innerhalb der Streuung der Werte bei den drei Messungen und sind gering beim Erreichen der Höchstwerte nach etwa 30 min

Forschungsberichte des Wirtschafts- und Verkehrsministeriums Nordrhein-Westfalen

Tabelle 3

Temperaturen ϑ_K an der Heizkordel des Platin-Meßheizkissens in der 20 W Anordnung bei einer Leistungsaufnahme von 72,6 W gemäß Schaltung II der Abbildung 9 bezogen auf 20 °C Umgebungstemperatur

Zeit min	Mit Schirmring-Heizung					Ohne Schirmring-Heizung				
	Messung 1 °C	Messung 2 °C	Messung 3 °C	Abwg. °C	Mittelwert °C	Messung 1 °C	Messung 2 °C	Messung 3 °C	Abwg. °C	Mittelwert °C
5	64	62	65	±2	63,7	65	69	67	±2	67
10	80	77	78	±2	78,3	83	80	83	±2	82
15	90	85	84	±4	86	90	88	89	±1	89
20	97	92	87	±5	92	94	93	94	±1	93,7
25	99	96	90	±5	95	95	95	96	±1	95,3
30	100	99	92	±5	97	96	95	98	±2	96,3
35	99	100	92	±4	97	96	94	99	±3	96,3
40	98	99	91	±4	96	95	92	98	±3	95
45	96	98	90	±5	94,7	94	91	96	±2	93,7
50	93	96	89	±3	92,7	93	90	94	±2	92,3
60	89	92	85	±4	88,7	91	88	89	±1	89
80	82	91	84	±5	85,7	85	85	84	±1	84,7
100	79	85	83	±3	82,3	83	82	82	±1	82,3
120	77	83	83	±4	81,3	82	82	82	±0	82
140	75	82	82	±4	79,7	81	81	81	±0	81
180	75	81	82	±4	79,3	81	81	82	±1	81

Vgl. Bemerkung zu Tabelle 2

Tabelle 4

Oberflächentemperatur ϑ_0 des Platin-Meßheizkissens in der 20 W Anordnung bei einer Leistungsaufnahme von 72,6 W gemäß Schaltung II der Abbildung 9 bezogen auf 20°C Umgebungstemperatur

Zeit min	Mit Schirmring-Heizung					Ohne Schirmring-Heizung				
	Messung 1 °C	Messung 2 °C	Messung 3 °C	Abwg. °C	Mittelwert °C	Messung 1 °C	Messung 2 °C	Messung 3 °C	Abwg. °C	Mittelwert °C
5	35	38	40	±3	37,7	43	39	40	±2	40,7
10	50	50	52	±1	50,7	53	55	53	±1	53,7
15	60	60	60	±0	60	62	62	61	±1	61,7
20	68	66	64	±2	66	67	67	65	±1	66,3
25	73	70	67	±3	70	70	70	68	±1	69,3
30	75	72,5	69	±4	73	71	71	71	±0	71
35	76,5	74	71	±3	74	71	72	72	±1	71,7
40	76	76	70	±4	74	70,5	74	72	±2	72
45	75	76,5	70	±4	73,8	70	73	71,5	±2	71,5
50	73	76	70	±3	73	70	72,5	71	±2	71
60	68	73	68	±3	69,7	69	70	68	±1	69
70	65	72	66	±4	67,7	66	67	65	±1	66
80	63,5	69	65	±3	66	65	65	64	±1	64,7
100	61,5	65	64	±2	63,5	64	63	63	±1	63,3
120	60,5	63	63	±2	62	63	62	62	±1	62,3
140	60	63	63	±2	62	63	61	61	±1	61,7
180	61	63	64	±2	62	63	61	61	±1	61,7

Vgl. Bemerkung zu Tabelle 2

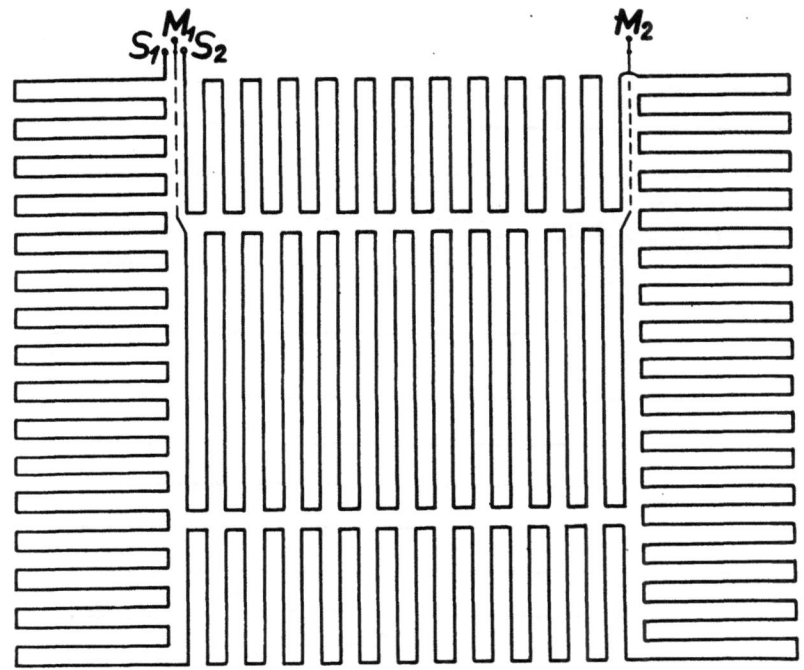

Abbildung 8

Schirmringanordnung mit Mäanderwicklungen zur Bestimmung der Wärmeleitfähigkeit von Filzdecken W.-D. 1 und W.-D. 2. Meßstellen liegen am Filz unmittelbar an. Sonstige Anordnung ähnlich Abbildung 4 und 5; S_1, S_2, M_1, M_2 elektrische Anschlüsse

kordel in einer Schaltung gemäß Abbildung 9 in ein Heizkissen eingebaut worden war[5].

Die Messungen wurden in der Schaltung II durchgeführt. Als wichtiges Ergebnis kann gebucht werden, daß die bei den 3 verschiedenen Messungen auftretenden Streuungen sehr klein sind.

Sicher kann das Weglassen der Schirmringheizkissen noch weitere Fehler bringen; denn die Anordnung in Abbildung 8 entspricht ja dem Fall der Beheizung der Schirmring-Heizkissen. Man muß also mindestens mit einer

---

5. Herr Dr. Jung, Inhaber der Elmed KG, Bad Mergentheim, ließ freundlicherweise auf Anregung des Verfassers je ein Heizkissen mit Platin- und Nickelwicklung in sonst handelsüblicher Ausführung als Einkreis-Heizkissen, aber entsprechend abgestimmten Reglern, in seinem Betrieb herstellen und stellte sie dem Verfasser zur Verfügung. Hierfür dankt ihm der Verfasser auch an dieser Stelle verbindlichst

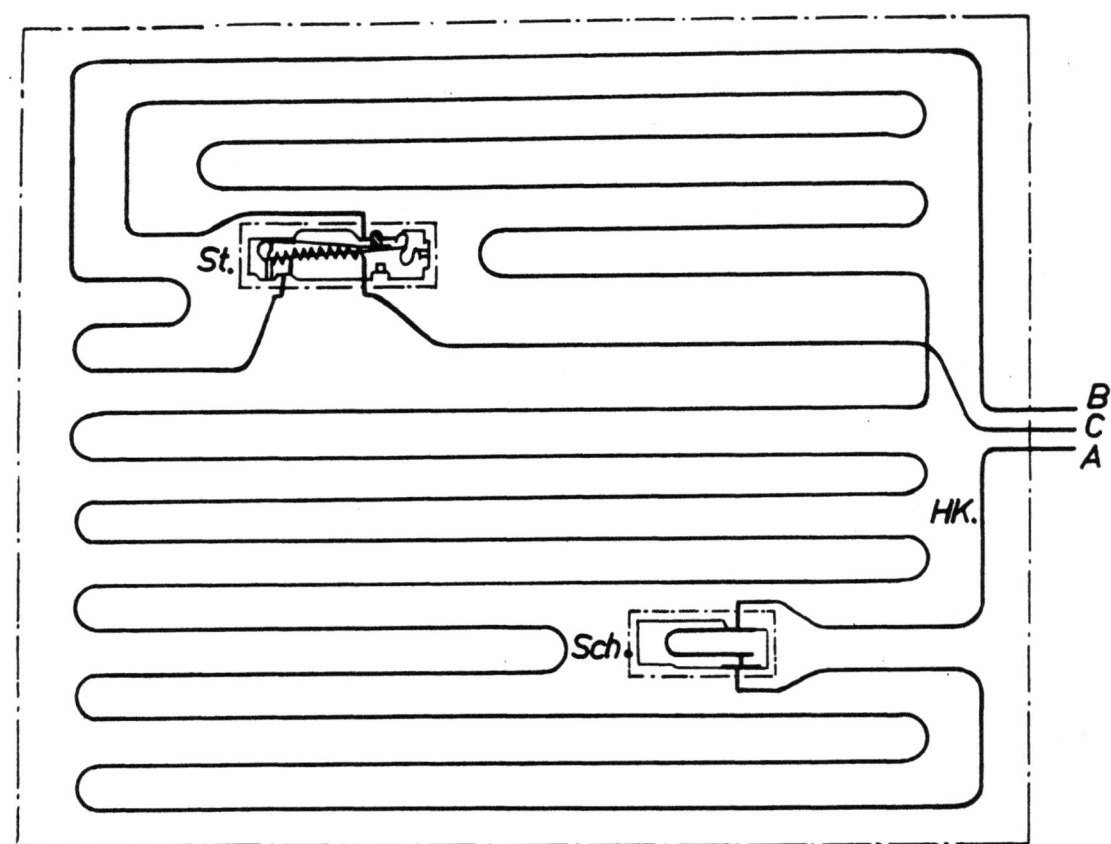
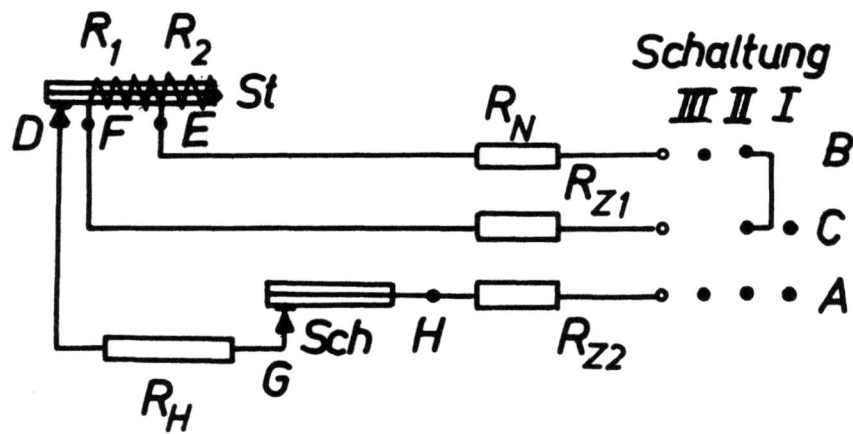

Abbildung 9a und b

Aufbau und Schaltung der Meßheizkissen

a) Raumanordnung des Einkreis-Meßheizkissens, Heizwicklung aus Platindraht mit $R_{100°C} = 216,3$ und $R_{0°C} = 155,0$ b) Schaltung der Meßheizkissen

HK. : Heizkordel
Sch. : Schutzregler
St. : Stufenregler (Hauptregler)
A, B, C: Anschlußpunkte
D, G : Schaltstellen
R_H : Hauptheizwiderstand
R_N : Teilheizwiderstand
R_{Z1} und R_{Z2}: Zuleitungswiderstände (Heizkord.)
E : Anzapfung d. Widerstand (R_1+R_2) d. Stufenreglers

Die Punkte D, E, F, G, H sind zur Überbrückung von R_1 und der Schaltstellen D und G versuchsmäßig herausgeführt

Streuung von ± 20 % bei den Meßwerten am Heizkissen rechnen, auch wenn der Filz an sich schmiegsam genug ist, daß die in Abbildung 1 gestrichelt gezeichneten keilförmigen Luftpolster klein genug bleiben.

IV. Durchführung der Messungen an besonders hergestellten Meßheizkissen[6]

1. Meßeinrichtung

Für die Beurteilung der Temperaturverhältnisse - und diese allein sind für die etwaigen Schäden durch Temperatureinflüsse maßgebend -, schien es wichtig zu sein, die Heizleitertemperatur zu kennen. Deshalb wurde der Gedanke erwogen, besondere Meßheizkissen zu verwenden, bei denen als Heizleiter die für Widerstandsthermometer üblichen Werkstoffe Platin- und Nickelwiderstandsdrähte verwendet werden sollten. Wenn man dann den Widerstand der Heizkordel mißt, kann man ihre mittlere Temperatur bestimmen. Mißt man gleichzeitig die Temperaturen der Heizkordel an verschiedenen Stellen, so kann man feststellen, ob die Temperaturverteilung längs der Heizkordel gleichmäßig ist und damit nochmals sich vergewissern, daß der Heizleiter gleichmäßige Steigung der Windungen über die gesamte Länge hat. Diese wurde nachgeprüft mit Thermoelementenanordnungen, die Abbildung 10a und b zeigt. Tabelle 5 zeigt die Meßergebnisse. Die Oberflächentemperaturen weichen außerordentlich wenig von einander ab, sodaß man mit einer recht gleichmäßigen Heizwicklung rechnen darf.

4 a) Die Schirmring-Heizkissen waren in gleicher Weise wie handelsübliche Heizkissen aufgebaut, jedoch ohne Regler.

4 b) Die Enden der Regler waren aus dem Meßheizkissen herausgeführt, sodaß sie überbrückt werden konnten. Das Verhältnis der Widerstände des Platins $R_{100°C} : R_{0°C}$, am Kissen selbst gemessen, entspricht mit dem Wert 1,397 recht gut den Anforderungen, die an Widerstandsthermometer-Drähte zu stellen sind.

Auch für das Meßheizkissen mit Nickeldrahtwicklung gilt das gleiche. Das Verhältnis $R_{100°C} : R_{0°C}$ beträgt hier 1,645. Da in dem Heizkreis zwei zusätzliche Kontaktstellen vorhanden sind, ist der Mehrbetrag von

---

6. Die Messungen wurden von Herrn Dipl.-Ing. H. KRUKENBERG im Rahmen seiner Diplomarbeit und den Herren K. KRACKE und K. STEFFEN im Rahmen ihrer Studienarbeiten durchgeführt

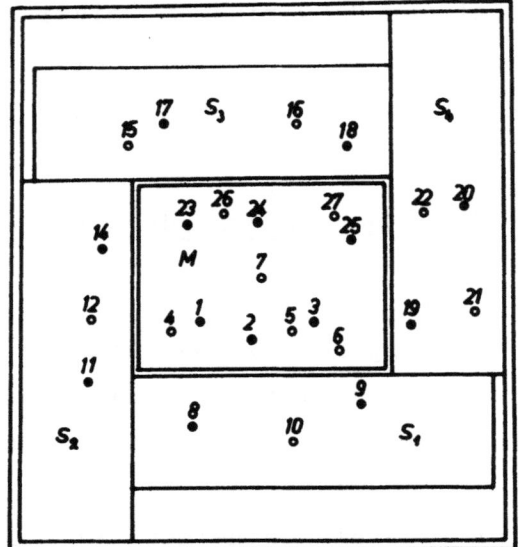

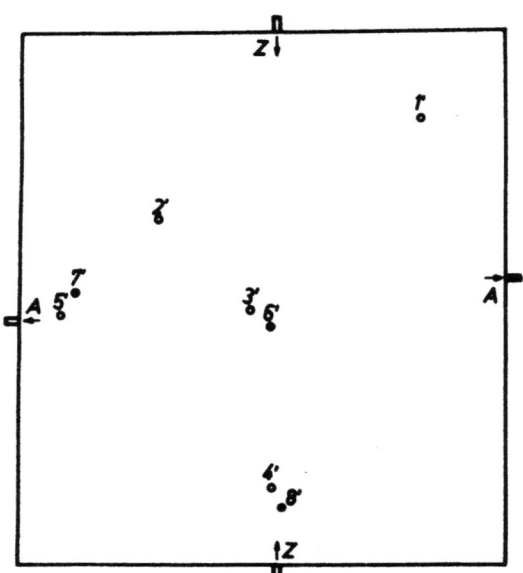

Abbildung 10a und b

Lage der Meßstellen am Meßheizkissen (M) und an den Schirmring-Heizkissen (S)

○ Meßstellen an der Unterseite des oberen Kühlkastens (1' bis 5')

● Meßstellen an der Oberseite des unteren Kühlkastens (6' bis 8')

Temperaturmeßstellen an der Anlagestelle der Wärmedämmung an den wasserdurchflossenen Kühlkästen

Z: Wasserzufluß   A: Wasserabfluß

Forschungsberichte des Wirtschafts- und Verkehrsministeriums Nordrhein-Westfalen

Tabelle 5

Meßwerte der Oberflächentemperatur ϑ_o zur Beurteilung der Streuung;
Kühlwassertemperatur 14°C, Wärmeentzug 6 W, Schaltung II

Meßstellen an der Heizkissen-		Temperatur an der Heizkissen-	
Oberseite	Unterseite	Oberseite °C	Unterseite °C
1	-	62,4	-
2	-	64,0 H	-
3	-	61,7	-
-	4	-	60,7
-	5	-	62,5
-	6	-	60,7
-	7	-	60,7
23	-	59,0 T	-
24	-	61,3	-
25	-	59,1	-
-	26	-	60,5
-	27	-	60,7

H: Höchstwert   T: Tiefstwert

0,012 Ω bei der Platinwicklung bzw. 0,028 Ω bei der Nickelwicklung durchaus zulässig. Mit Rücksicht auf die zusätzlichen Übergangswiderstände an den Kontaktstellen wurden die Widerstände der Meßheizkissen in einem Ofen mit genau einstellbarer Temperatur nach jweils 24-stündigem Verbleib des Kissens im Ofen gemessen. Die Ofentemperaturen wurden mit Thermoelementen und Quecksilberfaden-Eichthermometern überwacht. Die Heizkissenwiderstände wurden in einer Wheatstone'schen Brücke gemessen und hierfür Eichkurven aufgestellt.

2. Meßergebnisse

Für die im Folgenden behandelten Messungen wurde die Schaltung nach Abbildung 11 verwendet. Zur genauen Feststellung der Zeitpunkte für das Ein- und Ausschalten des Reglers ist eine zusätzliche Schaltung entwickelt

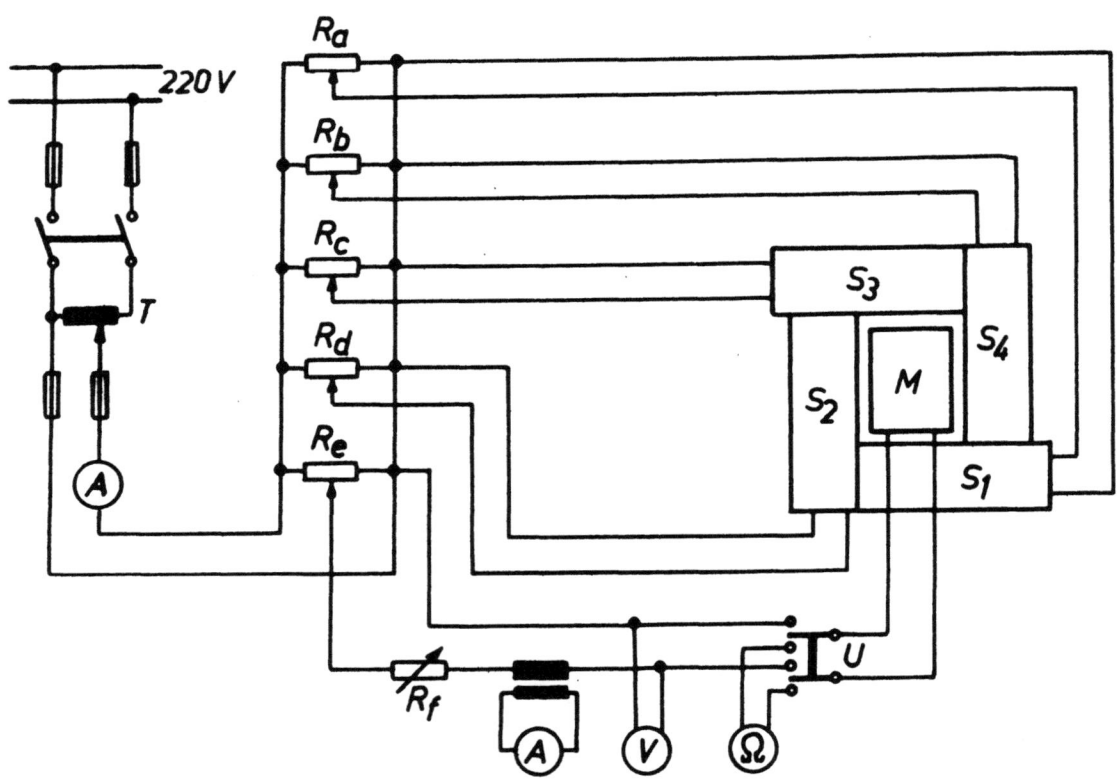

Abbildung 11

Schaltung der Heizkissen-Prüfanlage

R_a bis R_e : Regelwiderstände für Schirm- und Meßheizkissen etwa je 1 k Ω)

R_f: Feinregler-Vorwiderstand zu R_e

S_1. bis S_4. : Schirmring-Heizkissen

M.: Meßheizkissen

U.: Umschalter zum Umlegen der Heizwicklung des Meßheizkissens vom Netz auf die Wheatstone'sche Brücke

T.: Regeltransformator 4,4 kW, 0 bis 220 V

worden, die im eingeschalteten Zustand des Heizkissens eine grüne, im ausgeschalteten Zustand eine rote Signallampe dauernd brennen läßt.

Bei den folgenden beschriebenen Messungen wurden zwecks genauer Einstellbarkeit des Wärmeentzugs[7], d.h. des von Heizkissen abgegebenen Wärme-

---

7. Der im folgenden öfters gebrauchte Begriff "Wärmeentzug" bedeutet die höchste Leistung, die man dem Heizkissen dauernd als Wärmestrom entnehmen kann, ohne daß der Regler anspricht

stroms nicht Filzdecken verwandt, sondern eine Anordnung, die eine leichte Anpassung des Wärmewiderstandes erlaubt.

Nach einer Reihe von Versuchen wurde eine geschichtete Anordnung aus Glasgespinstfaser-Matten von je 1,3 mm Dicke und eine Wärmedämmstoffpappe von 12 mm Dicke gewählt. Nach orientierenden Messungen in einer Schirmring-Meßeinrichtung ([1], dortige Abbildung 7 und 8 a, b) wurden unter Zugrundelegung der in VDE 0725/III. 42 § 27 a [5] festgelegten Temperaturdifferenz von etwa 50° zwischen Umgebung und Heizkissen-Oberfläche - in der Meßeinrichtung also zwischen Heiz- und Kühlfläche - auf jeder Seite des Heizkissens und der Schutzring-Heizkissen für 20 W Wärmeentzug 1 Pappe und 5 Glasgespinstschichten, für 6 W Wärmeentzug 7 Pappen und 8 Glasgespinstschichten gewählt.

Wo nichts besonders vermerkt worden ist, sind die Versuche in Anlehnung an VDE 0725 § 27 durchgeführt worden. Die Heizkissen-Oberflächentemperatur wurde nach VDE 0725/7.50 § 27 bestimmt, jedoch in jedem Fall nicht mit der vorgesehenen Zahl von 6, sondern von 12 Meßstellen. Die Fläche der Kupferplatten, die nach VDE 0725 Ü/7.50 § 27 [6] 40 cm^2 betragen soll, wurde auf 6,25 cm^2 verringert, weil bei sehr großen Kupferflächen die Gefahr einer starken Verzerrung des Temperaturfeldes nicht von der Hand zu weisen ist. Die bei den Messungen festgestellte geringe Abweichung zwischen den Einzelwerten zeigt recht gut, daß diese Versuchsanordnung als einwandfrei zu bezeichnen ist.

Ein Vergleich der hier festgestellten Temperaturwerte mit den nach VDE 0725 und VDE 0725 Ü zulässigen Werten wurde absichtlich nicht durchgeführt. In Tabelle 6 und 7 sind für einen bestimmten Fall, nämlich für 6 W und 67°C, bezogen auf 20°C als Umgebungstemperatur, Einzel- und Mittelwerte angegeben. Sie bestätigen das hier Gesagte.

Als Bezugstemperatur oder Umgebungstemperatur wurden 20°C in Übereinstimmung mit VDE 0725/7.50 § 2 a [5] zugrundegelegt. Da nun bei den Messungen das Kühlmittel oft abweichende Temperaturen aufwies, wurde eine lineare Korrektur durchgeführt. In dem in Frage kommenden Temperaturgebiet ist dies ohne weiteres möglich. Beträgt also z.B. die Temperatur des Kühlmittels 15°C, so wurden alle gemessenen Werte um 5°C erhöht.

Tabelle 6

Mittelwerte der Temperatur ϑ_O aus Tabelle 5 (Schaltung II)

Mittelwerte aus	Mittelwerte, gemessen bei Kühlwassertemperatur 14°C		Mittelwerte, umgerechnet auf Kühlwassertemperatur 20°C	
6 Messungen	Oberseite 61,3°C	Unterseite 61,0°C	Oberseite 67,3°C	Unterseite 67,0°C
12 Messungen	$M_{12} = 61,1°C$		$M_{12} = 67,1°C$	
Höchst- und Tiefstwert H und T	$M_2 = 61,5°C$		$M_2 = 67,5°C$	
Der Unterschied zwischen den auf 20°C umgerechneten Mittelwerten M_{12} und M_2 beträgt weniger als 1 %				

Tabelle 7

Temperaturen am Heizleiter ϑ_H und an der Heizkissenoberfläche ϑ_O des geregelten Platin-Meßheizkissens in der 6 und 20 W Anordnung in Schaltung III

Meßanordnung	Heizleitertemperatur ϑ_H °C	Heizkissen-Oberflächentemperatur ϑ_O (12 Einzelwerte) °C
6 W	beim Ausschalten des Reglers 112 beim Einschalten des Reglers 98	Höchstwert H 96 Tiefstwert T 83 Mittelwert $M_{12}(M_2)$ 89 (90)
20 W	beim Ausschalten des Reglers 118 beim Einschalten des Reglers 97	Höchstwert H 95 Tiefstwert T 79 Mittelwert $M_{12}(M_2)$ 88 (87)

An den in Abbildung 10a und b angegebenen Meßstellen sind Thermoelemente an der Heizkordel und an der Heizkissenoberfläche in der in VDE 0725/III.42 festgelegten und am Ende des vorigen Abschnittes angegebenen Anzahl befestigt.

Dabei liegen die Meßstellen jeweils übereinander und die an der Heizkordel angenähten Thermoelemente außerdem so, daß sie die höchste, am Kordelumfang auftretende Temperatur erfassen.

Zunächst wurden bei überbrücktem Regler die Heizleiter-, Kordel- und Oberflächentemperaturen in Abhängigkeit von der Belastung des Heizleiters nach Erreichen des stationären Zustandes bestimmt (Abb. 12 a und b) und dann nach Aufhebung der Überbrückung des Reglers für eine Leistungsaufnahme des Heizkissens von 72,6 W, also einer um 10 % höheren Anschlußspannung, die entsprechenden Werte gemessen (Abb. 13 a und b).

Tabelle 5 enthält eine Übersicht über die Unterschiede der Temperaturen bei den geregelten Meßheizkissen in der 6 und 20 W Anordnung. Sie läßt zweierlei erkennen. Einmal ist, wie schon gesagt, die Verteilung der 12 Einzelwerte um den Mittelwert recht gleichmäßig, denn der Mittelwert der 12 Einzelwerte ist praktisch auch der Mittelwert zwischen Höchst- und Tiefstwert (eingeklammerte Werte). Auf der anderen Seite müßte eigentlich die Heizleitertemperatur in der 6 W Meßeinrichtung bei gleichem Wärmestrom höher als in der 20 W Anordnung sein. Da hier die Temperatur durch den von einer besonderen Heizwicklung gesteuerten Regler bestimmt wird, verschwindet der Einfluß der Meßanordnung. In Abbildung 12 a und b sieht man deren Einfluß sehr deutlich. Bei 10 W Wärmeentzug liegt die Heizleitertemperatur bei etwa 110°C in der 6 W Anordnung, bei der 20 W Anordnung jedoch bei nur etwa 55°C. Natürlich ist das Temperaturgefälle ($\vartheta_H - \vartheta_O$) innerhalb des Heizkissens bei der 6 W Anordnung für 6 W kleiner als bei der 20 W Anordnung für 20 W Wärmeentzug. Für gleiche Werte, etwa 10 W, sind die Werte, wie Abbildung 12 a und b erkennen lassen, gleich groß. Ebenso wie die an den Heizleiter-Oberflächen gemessenen Temperaturen streuen auch die Heizleiter-Kordeltemperaturen nur sehr wenig.

Zur Vereinfachung der Versuche wurde zunächst untersucht, ob die Schirmring-Heizkissen unbeheizt bleiben konnten. Die Ergebnisse zeigen, daß man in der 20 W Anordnung wegen der geringen Schichtdicke der Wärmedämmung die Beheizung entbehren kann, ohne einen unzulässigen Fehler zu

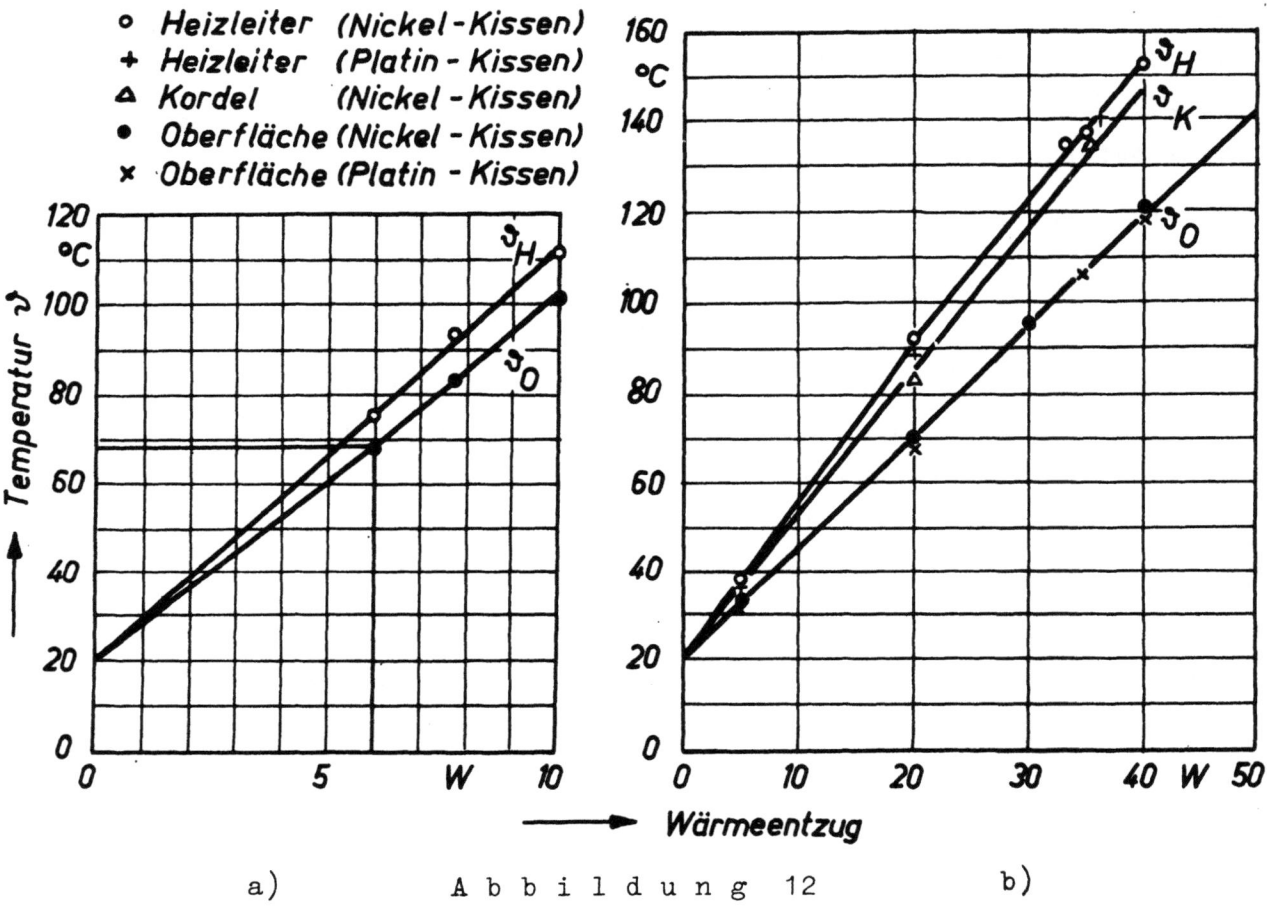

a)   A b b i l d u n g 12   b)

Mittelwerte der Temperaturen am Meßheizkissen bei überbrücktem Regler in Abhängigkeit vom Wärmeentzug im Beharrungszustand. Die Temperaturen sind auf die Umgebungstemperatur von 20°C umgerechnet

         a)   in 6 W Meßanordnung
         b)   in 20 W Meßanordnung

ϑ_H :   mittlere Heizleitertemperatur

ϑ_O :   mittlere Oberflächentemperatur (Meßpunkt 6 W, 68°C; vgl. Tab. 2 rechts)

ϑ_K :   mittlere Heizkordel-Oberflächentemperatur

machen. In Tabelle 8 ist unter Zuhilfenahme der Ergebnisse aus Tabelle 2 bis 4 nochmals der Einfluß des Unterbleibens der Schirmringheizung auf die Temperaturen bei Meßheizkissen zusammengestellt. Abbildung 14 läßt erkennen, daß trotzdem die Meßgenauigkeit eine recht gute ist, wie schon zu Anfang an Hand von Tabelle 2 bis 4 betont worden ist.

a)
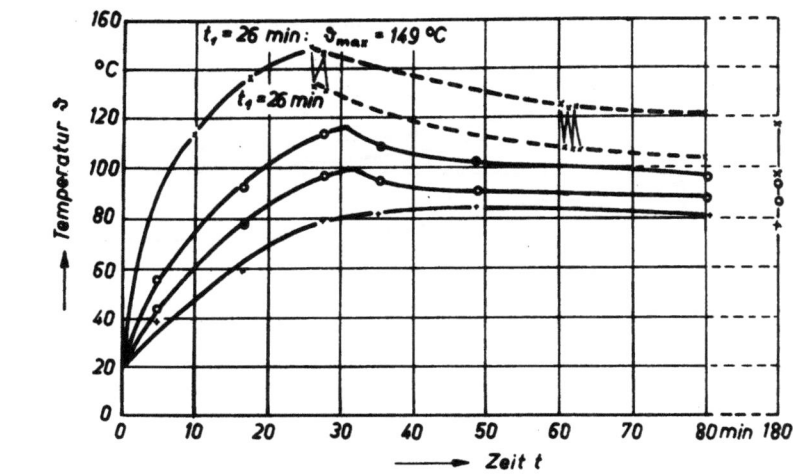

b)
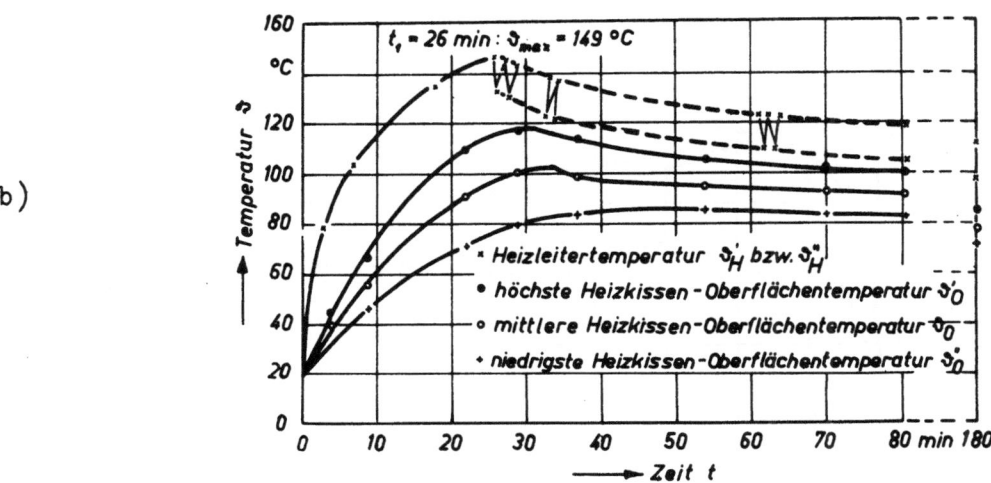

A b b i l d u n g   13a und b

Temperaturen am Platin-Meßheizkissen bei einer Betriebsspannung entsprechend 72,6 W Leistungsaufnahme bei arbeitendem Regler, in Abhängigkeit von der Zeit t, Schalterstellung III. Die Endpunkte geben die nach 180 min erreichten, praktisch als Endwerte anzusehenden Temperaturen an.

      a) in 6 W Meßanordnung
      b) in 20 W Meßanordnung

ϑ'_H: Heizleitertemperatur am Ausschaltpunkt
ϑ''_H: Heizleitertemperatur am Einschaltpunkt
ϑ'_O: höchste Heizkissen-Oberflächentemperatur
ϑ_O: mittlere Heizkissen-Oberflächentemperatur
ϑ''_O: niedrigste Heizkissen-Oberflächentemperatur

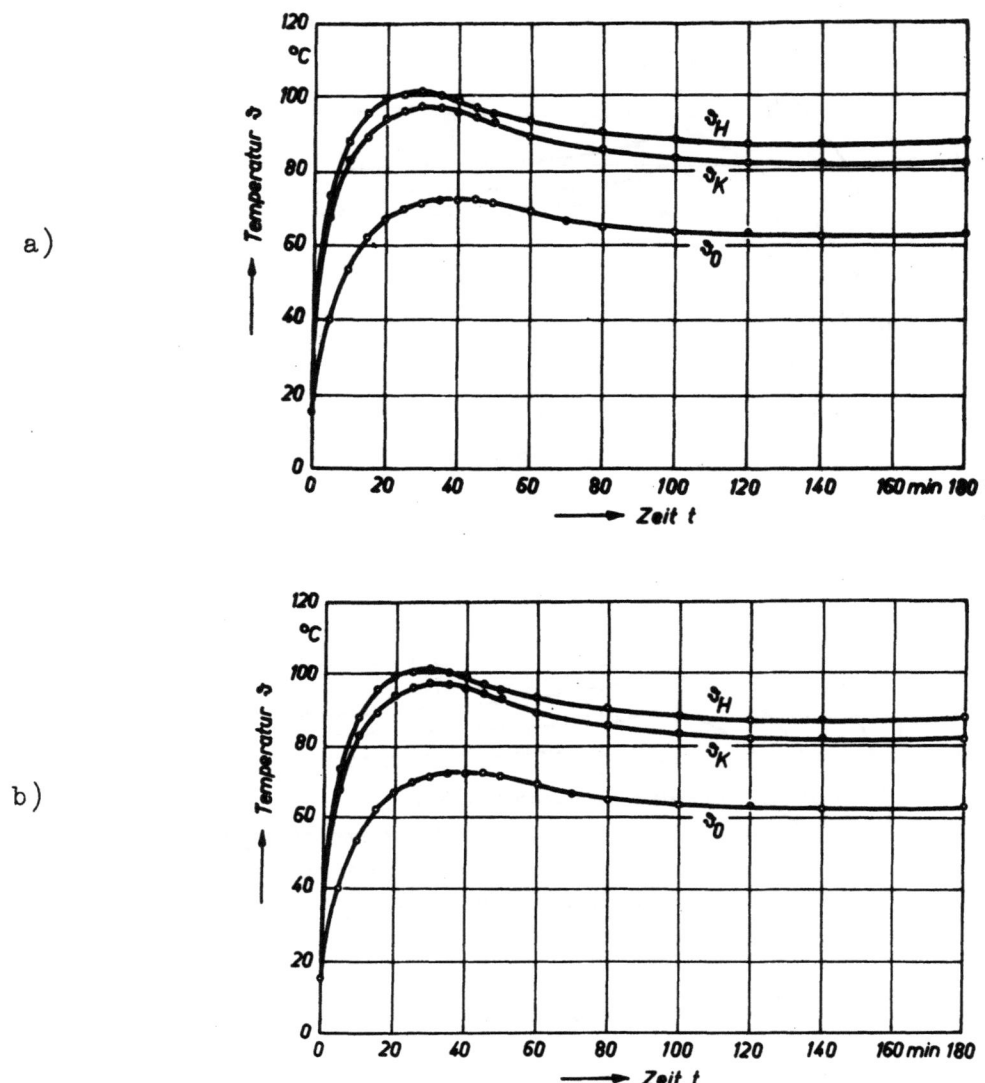

Abbildung 14a und b

Mittelwerte der Temperaturen ϑ_H, ϑ_K, ϑ_0 aus drei Versuchen mit dem Platin-Meßheizkissen in der Schalterstellung II bei 72,6 W Leistungsabgabe

a) Schirmring-Heizkissen beheizt
b) Schirmring-Heizkissen nicht beheizt

Bezeichnungen ϑ_H, ϑ_0 wie in Abbildung 2

Tabelle 8

Mittlere Temperaturen an den Oberflächen des Platin-Meßheizkissens und der Schirmring-Heizkissen für eine geforderte Temperaturdifferenz von rd. 50°C zwischen Kissenoberfläche und wärmeabführender Oberfläche der 20 W Meßanordnung, bezogen auf 20°C Kühlwassertemperatur

	mit Schirmringheizung	ohne Schirmringheizung
Meßheizkissen ϑ_1	65 °C	62,5°C
Schirmring 1 ϑ_{SR1}	64 °C	-
Schirmring 2 ϑ_{SR2}	65,5°C	-
Schirmring 3 ϑ_{SR3}	65 °C	-
Schirmring 4 ϑ_{SR4}	64,5°C	-
Kühlfläche ϑ_2	13 °C	11 °C
$\Delta\vartheta = \vartheta_1 - \vartheta_2$	52 °C	51,5°C
prozentualer Fehler von $\Delta\vartheta$, bezogen auf den geforderten Wert von 50°C	+ 4 %	+ 3 %

ϑ_1: mittlere Temperatur des Meßheizkissens,
ϑ_2: mittlere Temperatur der Kühlflächen,
ϑ_{SR1} bis ϑ_{SR4}: mittlere Temperaturen der Schirmring-Heizkissen 1 bis 4

V. Untersuchungen von fabrikneuen und gebrauchten Heizkissen und an einer der CEE-Anordnung entsprechenden Anordnung[8]

1. Vergleichsmessungen zwischen Meßheizkissen und fabrikneue gleicher Bauart

Zum Vergleich der an den Meßheizkissen gemessenen Temperaturen mit denen eines handelsüblichen Kissens des gleichen Aufbaus sei auf Tabelle 9 verwiesen. Die Unterschiede der Heizkordel- und der Heizkissen-

---

8. Siehe Bemerkung zu Abschnitt IV

Tabelle 9

Vergleich eines Einkreis-Heizkissens mit handelsüblicher Wicklung mit einem Heizkissen mit Platinwicklung gleichen Aufbaues bei 6 W Wärmeentzug. Einzel- und Mittelwerte aus 3 Meßreihen

Kordeltemperatur	Handelsübliche Kissen, fabrikneu		Meßheizkissen mit Platinwicklung	
	Einzelwerte °C	Mittelwert °C	Einzelwerte °C	Mittelwert °C
Spitzenwert bei erstmaligem Abschalten des Reglers	139 142 141 (Streuung ± 1,5 %)	141	143 149 146 (Streuung ± 2 %)	146
Endwert beim Ausschalten des Reglers	104 106 103 (Streuung ± 2 %)	104	114 114 109 (Streuung ± 2 %)	112
Endwert beim Einschalten des Reglers	99 101 98 (Streuung ± 2 %)	99	99 100 93 (Streuung ± 3 %)	97
Heizkissen-Oberflächentemperatur	Einzelwerte °C	Mittelwert °C	Einzelwerte °C	Mittelwert °C
größter Wert H	90 92 89 (Streuung ± 2 %)	90	94 98 90 (Streuung ± 4 %)	94
kleinster Wert T	73 72 70 (Streuung ± 1 %)	72	81 85 76 (Streuung ± 5 %)	81
Mittelwert M_{12} aus 12 Einzelwerten	84 85 83 (Streuung ± 2 %)	84	88 91 83 (Streuung ± 5 %)	87
Mittelwert M_2 aus H und T	82 82 80 (Streuung ± 1 %)	81	88 92 83 (Streuung ± 6 %)	88

Die Werte sind auf eine Kühlwassertemperatur von 20°C bezogen. Die Angaben für die Streuung sind aufgerundet. Die bei dem Platin-Meßheizkissen größere Streuung der Werte H, T, M_{12} und M_2 (vgl. Tab. 3 und 4) rührt aus dem Spiel des der Platinwicklung möglichst angepaßten handelsüblichen Reglers her

Oberflächentemperaturen sind unbedeutend. Tabelle 9 stellt die wichtigsten Werte aus je 3 Messungen gegenüber. Die Meßheizkissen, die in ihrem äußeren Aufbau in bezug auf Drahtdicke und Windungszahl den handelsüblichen Kissen entsprechend und infolgedessen niedrigere Widerstandswerte aufweisen, sind mit niedriger Spannung betrieben worden. Auch die Regler sind den andersartigen Verhältnissen angepaßt. Die Anpassung ist, wie der Vergleich in Tabelle 9 zeigt, als recht gut gelungen zu bezeichnen. Die Streuungen liegen innerhalb der herstellungsmäßig erreichbaren Grenzen.

2. Vergleichsmessungen an fabrikneuen und gebrauchten handelsüblichen Heizkissen in der gleichen Meßanordnung

Zur Klärung der Frage, ob Heizkissen im Betrieb unzulässig altern, wurde eine Reihe neuer und gebrauchter Heizkissen durchgemessen.

Tabellen 10 bis 13 und Abbildungen 15 bis 18 bringen Übersichten über Messungen bei den drei Schalterstellungen an fabrikneuen und gebrauchten Einkreis- sowie Zweikreis-Heizkissen.

Verwundern mag der sehr geringe Temperaturunterschied in Tabelle 11 bei dem neuen Zweikreis-Heizkissen in Schalterstellung II und III, der beim gebrauchten Kissen desselben Fabrikates nicht auftritt. Vermutlich spielt der Regler hier eine ausschlaggebende Rolle. Die Wiederholung der Versuche ergab kein anderes Bild. Tabelle 14 bringt eine Zusammenstellung der Vergleichsmessungen an neuen und gebrauchten Ein- und Zweikreiskissen verschiedener Hersteller. Die in der letzten Spalte angegebenen Verhältniszahlen zeigen, daß eine Veränderung der gebrauchten Heizkissen nicht eingetreten ist. Bei den wenigen untersuchten Kissen müssen entweder die chemischen und mechanischen Einflüsse nicht vorhanden oder sehr gering gewesen sein. Eine thermisch bedingte Alterung ist nicht festzustellen.

3. Vergleichsmessungen an einem fabrikneuen Ein- und Zweikreis-Heizkissen in verschiedenen Meßanordnungen

Für die Durchführung der Prüfungen ist seitens der CEE eine vereinfachte Anordnung geschaffen worden. Sie besteht aus 2 Filzdecken nach § 9 der Ergänzung 1 zur Publikation 11, mit vorgeschriebener Dicke von 25 mm und einem Gewicht von $4 \pm 0,4$ kg/m^2. Die Filzdecken sollen über

Tabelle 10

Mittelwerte der Oberflächen- und Heizkordeltemperaturen eines neuen und eines gebrauchten Einkreis-Heizkissens gleichen Fabrikates bei den Schalterstellungen I, II und III im Beharrungszustand, bezogen auf 20°C Kühlwassertemperatur, bei 20 W Leistungsabgabe

Schalterstellung		I	II	III
neues Kissen	$\vartheta_0 °C$	46	61	83
gebrauchtes Kissen		54	70	77
neues Kissen	$\vartheta_K °C$	56	76	104
gebrauchtes Kissen		66	88	94

Bei Schalterstellung I, II und III wurden die Temperaturen im Augenblick des Abschaltens durch den Regler gemessen.

Tabelle 11

Mittelwerte der Oberflächen- und Heizkordeltemperaturen eines neuen und eines gebrauchten Zweikreis-Heizkissens gleichen Fabrikats bei den Schalterstellungen I, II und III im Beharrungszustand, bezogen auf 20°C Kühlwassertemperatur, bei 20 W Leistungsabgabe

Schalterstellung		I	II	III
neues Kissen	$\vartheta_0 °C$	73	83	84
gebrauchtes Kissen		75	80	89
neues Kissen	$\vartheta_K °C$	96	111	108
gebrauchtes Kissen		93	109	114

Bei Schalterstellung II und III wurden die Temperaturen im Augenblick des Abschaltens durch den Regler gemessen. Bei Schalterstellung I sprach der Regler während der ganzen Versuchsdauer nicht an, weil aufgenommene und abgegebene Leistung geringfügig voneinander abwichen.

Tabelle 12

Höchstwerte der Kordeltemperatur bei den Einkreis-Heizkissen nach Tabelle 10

Kordeltemperaturen nach 15 bis 20 min	
Größter Mittelwert beim gebrauchten Kissen:	116 °C
Größter Mittelwert beim neuen Kissen:	118 °C
Höchstwert beim gebrauchten Kissen:	120 °C
Höchstwert beim neuen Kissen:	124,5 °C
Kordeltemperaturen nach 30 min	
Größter Mittelwert beim gebrauchten Kissen:	102 °C
Größter Mittelwert beim neuen Kissen:	114 °C

Als größter Mittelwert wird der aus den an den 6 Meßstellen gemessenen höchsten Einzelwerten jeder Meßstelle gemittelte Wert bezeichnet. Der Höchstwert ist der größte dieser 6 Einzelwerte.

Tabelle 13

Höchstwerte der Kordeltemperatur bei den Zweikreis-Heizkissen nach Tabelle 11 in Schalterstellung III

Kordeltemperaturen nach 15 min	
Größter Mittelwert beim gebrauchten Kissen:	143 °C
Größter Mittelwert beim neuen Kissen:	138 °C
Höchstwert beim gebrauchten Kissen:	151,5 °C
Höchstwert beim neuen Kissen:	152 °C
Kordeltemperaturen nach 30 min	
Mittelwert beim gebrauchten Kissen:	120 °C
Mittelwert beim neuen Kissen:	117 °C

Als größter Mittelwert wird der aus den 6 auf beide Kreise gleichmäßig verteilten Meßstellenwerten gefundene Mittelwert eingesetzt. Der Höchstwert ist der größte dieser 6 Einzelwerte.

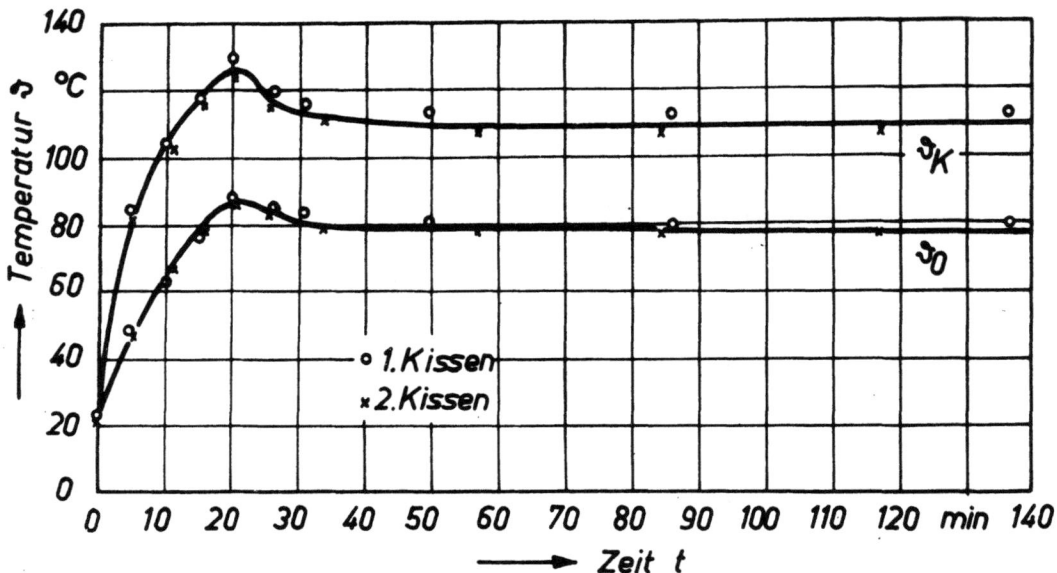

Abbildung 15

Mittelwerte der Temperaturen ϑ_K und ϑ_0 an zwei fabrikneuen Einkreis-Heizkissen in Abhängigkeit von der Zeit t in der 20 W Meßanordnung mit unbeheizten Schirmringen bei 72,6 W Leistungsaufnahme in Schalterstellung III. Temperatur des Kühlwassers 14°C, Meßwerte auf Kühlwassertemperatur 20°C umgerechnet

Bezeichnung ϑ_K, ϑ_0 wie in Abbildung 12

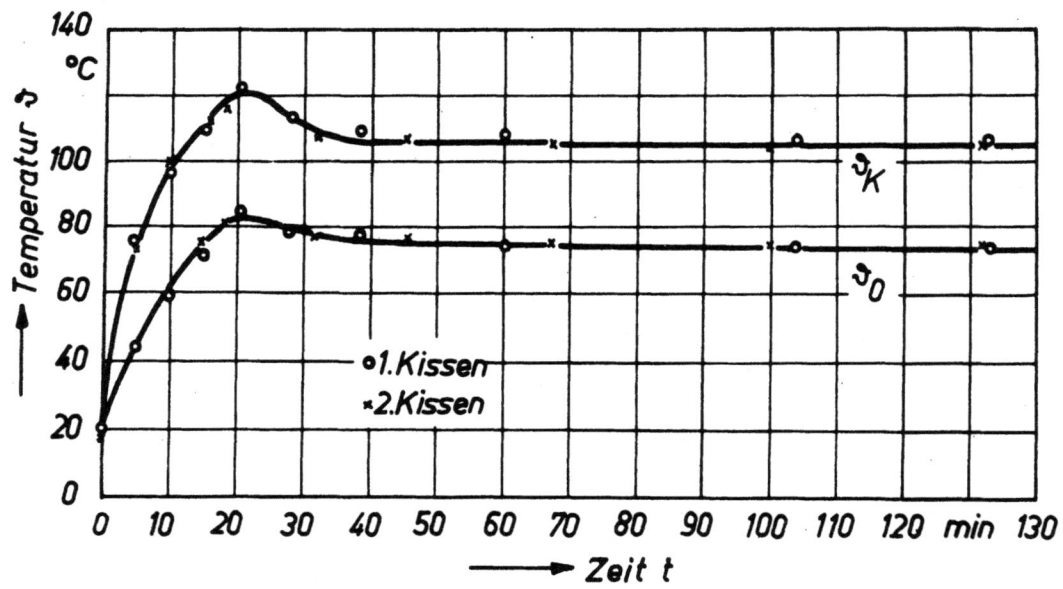

Abbildung 16

Mittelwerte der Temperaturen ϑ_K und ϑ_0 an einem gebrauchten, zweimal durchgemessenen Einkreis-Heizkissen in Abhängigkeit von der Zeit t, in der 20 W Meßanordnung mit unbeheizten Schirmringen bei 72,6 W Leistungsaufnahme in Stufe III. Bezeichnung ϑ_K, ϑ_0 wie in Abbildung 12

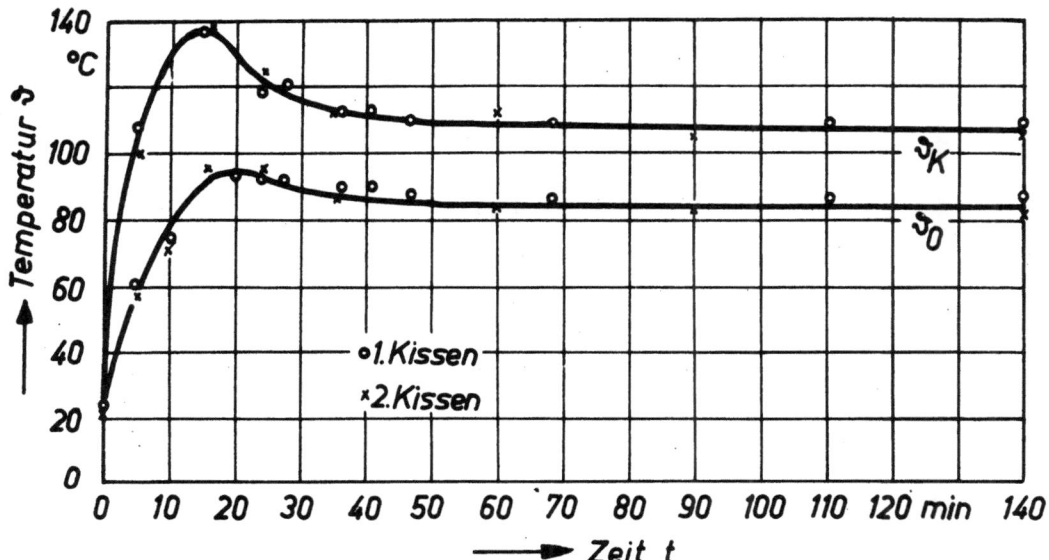

Abbildung 17

Mittelwerte der Temperaturen ϑ_K und ϑ_O an zwei fabrikneuen Zweikreis-Heizkissen in Abhängigkeit von der Zeit t, in der 20 W Meßanordnung mit unbeheizten Schirmringen bei 72,6 W Leistungsaufnahme in Schalterstellung III. Bezeichnung ϑ_K, ϑ_O wie in Abbildung 12

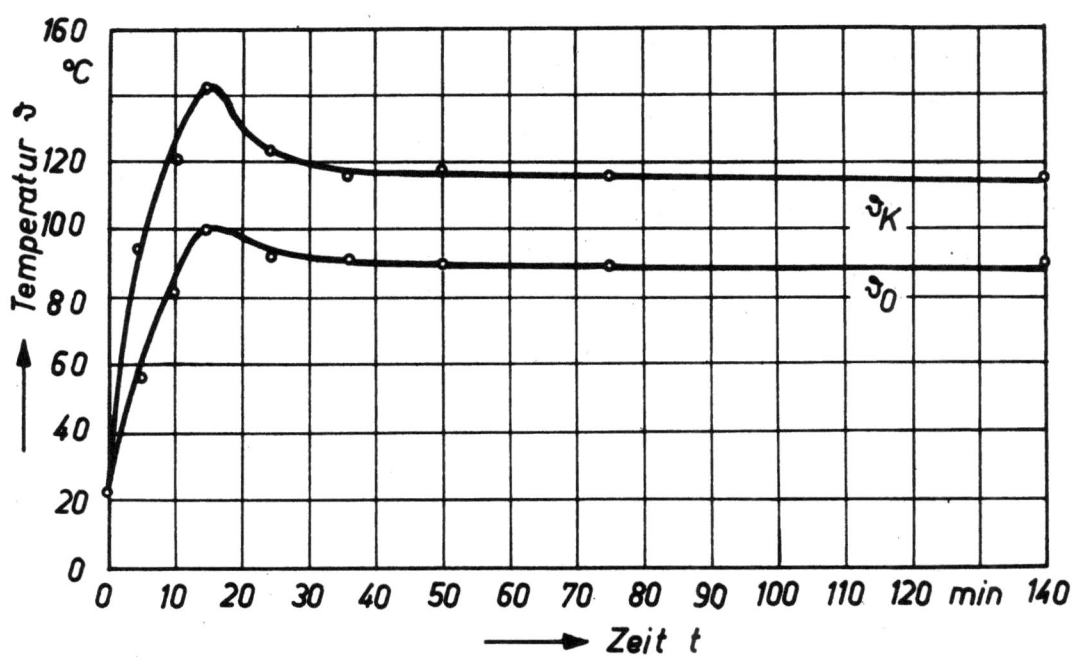

Abbildung 18

Mittelwerte der Temperaturen ϑ_K und ϑ_O an einem gebrauchten Zweikreis-Heizkissen in der 20 W Meßanordnung mit unbeheizten Schirmringen bei 72,6 W Wärmeentzug, Schalterstellung III

Forschungsberichte des Wirtschafts- und Verkehrsministeriums Nordrhein-Westfalen

Tabelle 14

Mittlere Temperaturen der Heizkissen-Oberfläche und der Heizkordel im Beharrungszustand an Heizkissen verschiedener Fabrikate, bezogen auf 20°C Umgebungstemperatur

(Mittelwerte aus je 2 Versuchen)

Heizkissen		Temperatur an der Oberfläche bei Schalterstellung			Temperatur an der Heizkordel bei Schalterstellung			Verhältnis bei Schalterstellung		
Fabrikat	Art	I °C	II °C	III °C	I °C	II °C	III °C	I °C	II °C	III °C
A, neu	Einkreis-Heizkissen	47	61	83	56	76	104	1,19	1,25	1,25
A, gebraucht		54	70	77	67	89	94	1,24	1,27	1,22
B, neu		53	69	74	67	90	96	1,26	1,30	1,30
C, neu		57	75	78	73	99	110	1,28	1,32	1,40
C, gebraucht		61	71	74	81	96	105	1,33	1,35	1,41
D, neu	Zweikreis-Heizkissen	73	83	84	96	111	108	1,31	1,34	1,29
D, gebraucht		75	80	89	62	110	114	1,23	1,38	1,28
E, gebraucht		57	49	72	83	87	128	1,45	1,78	1,78

Der Beharrungszustand bei Schalterstellung I und II wurde nach 90 min erreicht, bei Schalterstellung III nach 180 min. Die Kordeltemperatur ϑ_K wurde im Augenblick des Abschaltens durch den Regler gemessen die Seitenkanten des Prüflings mindestens 10 cm hinausstehen. Der von der CEE-Vorschrift geforderte Überstand der Filzdecken über den Prüfling ist gemäß Abbildung 5 bei 20 W Wärmeentzug als genügend anzusehen, selbst wenn man die Schirmring-Heizkissen wegläßt. Bei den hier beschriebenen Versuchen wurde er etwa doppelt so groß gewählt.

Im Gegensatz zu dem ersten Entwurf dieses Paragraphen ist in der nunmehr vorliegenden Fassung davon abgesehen worden, die Wärmeleitfähigkeit des Filzes festzulegen. Die dadurch entstandene Ungenauigkeit in der Angabe wurde auf Vorschlag des Verfassers dahingehend ergänzt, als Filzart Klavierfilz vorzuschreiben, an den mit Rücksicht auf den Verwendungszweck bestimmte technische Anforderungen gestellt werden. Diese decken sich z.T. mit den für diese Versuche erforderlichen Eigenschaften vor allem Elastizität, sodaß die nicht sehr einfache Bestimmung der Wärmeleitfähigkeit [3] vermieden wird. Tabellen 15 bis 16 bringen je an einem fabrikneuen Einkreis- und Zweikreis-Heizkissen in der in Abbildung 4 bzw. 6 schematisch dargestellten Anordnung

α) mit Wärmedämmstoffpappen und Glasgespinstmatten als Wärmedämmungen W.-D. 1 und W.-D. 2,

γ) in einer Anordnung nach Abbildung 1 wiederum mit 2 Klavierfilz-Decken nach CEE-Vorschrift und schließlich

β) mit Klavierfilz-Decken nach CEE-Vorschrift.

Die in Tabelle 15 bis 16 unter a) und d) angegebenen Werte entstammen den Tabellen 12 bzw. 13 und 14. Die unter b) bzw. e) aufgeführten Werte sind unter sonst gleichen Bedingungen wie bei a) bzw. d) ermittelt worden. Der Wärmeentzug betrug dabei ebenfalls rd. 20 W. Bei den Messungen unter c) bzw. f) weicht mit großer Wahrscheinlichkeit die Leistung etwas ab, da die Temperaturdifferenz gegen die Umgebung etwas von $20°C$ abgewichen ist sowohl gegen die umgebende Luft als auch gegen die Oberfläche des Prüftisches. Die gleichsinnig liegenden Unterschiede der Werte a) gegen b) lassen zunächst einen Unterschied in den Wärmeleitfähigkeiten der Kombination Wärmedämmstoffpappen und Glasgespinstmatten einerseits und der Filzdecken andererseits erkennen. Legt man den nach 120 bzw. 180 Minuten erreichten Wert zugrunde, so findet man als Temperaturdifferenz innerhalb des Heizkissens die folgenden in Tabelle 17 festgehaltenen Werte.

Tabelle 15

Versuche an einem fabrikneuen Einkreis-Heizkissen in Schaltung III gemäß Abbildung 9 a/b) zur Bestimmung der Heizkordel- und Oberflächentemperaturen in verschiedenen Prüfanordnungen; Nennspannung 220 V, Nennleistung 60 W, entzogene Leistung 20 W bei Prüfspannung 242 V

		Temperaturspitze innerhalb der ersten halben Stunde (Mittelwert)	Temperaturen nach 120 min	Temperaturen nach 180 min
a) Heizkordeltemperaturen	in der Schirmringanordnung (Wärmedämmstoffpappe plus Glasgespinstmatte)	118°C	104°C	104°C
b) desgl.	in der Schirmringanordnung (2 Klavierfilzdecken nach CEE-Vorschrift)	125°C	105°C	105°C
c) desgl.	zwischen 2 Filzdecken auf einer Wärmedämmstoffpappe als Unterlage	110°C	95°C	95°C
d) Oberflächentemperatur	Anordnung wie bei a)	91°C	83°C	83°C
e) desgl.	Anordnung wie bei b)	94°C	89°C	89°C
f) desgl.	Anordnung wie bei c)	82°C	81°C	81°C

Tabelle 16

Versuche an einem fabrikneuen Zweikreisheizkissen in Schaltung III gemäß Abbildung 9 a/b) zur Bestimmung der Heizkordel- und Oberflächentemperaturen in verschiedenen Prüfanordnungen; Nennspannung 220 V, Nennleistung 60 W, entzogene Leistung 20 W bei Prüfspannung 242 V

		Temperaturspitze innerhalb der ersten halben Stunde (Mittelwert)	Temperaturen nach 120 min	Temperaturen nach 180 min
a)	Heizkordeltemperaturen in der Schirmringanordnung (Wärmedämmstoffpappe plus Glasgespinstmatte (α)	138°C	108°C	108°C
b)	desgl. in der Schirmringanordnung (2 Klaviervierfilzdecken nach CEE-Vorschrift (β)	150°C	114°C	114°C
c)	desgl. zwischen 2 Filzdecken auf einer Wärmedämmstoffpappe als Unterlage (γ)	144°C	103°C	104°C
d)	Oberflächentemperatur Anordnung wie bei a)	95°C	84°C	84°C
e)	desgl. Anordnung wie bei b)	99°C	92°C	92°C
f)	desgl. Anordnung wie bei c)	85°C	78°C	79°C

Tabelle 17

Temperaturdifferenzen zwischen Heizkordel und Heizkissenoberfläche bei den Einzelmessungen nach Tabelle 15 und 16 im stationären Zustand

Versuch	Einkr. Heizk. (Tabelle 15)	Zweikr. Heizk. (Tabelle 16)	Versuch	Einkr. Heizk. (Tabelle 15)	Zweikr. Heizk. (Tabelle 16)	Versuch	Einkr. Heizk. (Tabelle 15)	Zweikr. Heizk. (Tabelle 16)
a)	104	108	b)	105	114	c)	95	103
d)	<u>83</u>	<u>84</u>	e)	<u>89</u>	<u>92</u>	f)	<u>81</u>	<u>78</u>
a) - d)	21	24	b) - e)	16	22	e) - f)	14	25

Bemerkung: Die Schutzring-Heizkissen sind unbeheizt

Aus der Tabelle 17 geht hervor, daß der Wärmestrom für das Einkreis-Heizkissen von links nach rechts abnimmt. Bei dem Zweikreis-Heizkissen ist diese Abnahme nicht eindeutig. Bei Versuch b), e) ist an sich die Versuchsanordnung die gleiche wie bei Versuch a), d), nur sind die Wärmedämmstoffschichten W.-D.1 und W.-D.2 bei den Versuchen a), d) andere als bei b), e). Die Ergebnisse lassen erkennen, daß man schon in der genau arbeitenden Anlage, wie sie bei Versuch a), d) und b), e) verwandt worden ist, mit stärkeren Streuungen rechnen muß. Noch deutlicher zeigt dies der Vergleich zwischen den Versuchen b), e) und c), f), bei denen zwar der gleiche Wärmedämmstoff verwandt wird, jedoch die Versuchsanordnung wesentlich vereinfacht worden ist. Der der CEE-Anordnung entsprechende Versuchsaufbau zeigt noch stärkere Unregelmäßigkeiten in den Temperaturen und Temperaturdifferenzen, sodaß mit größeren Streuungen gerechnet werden muß. Ihre Größe kann nur durch eine Reihenuntersuchung festgestellt werden[9]. Diese Differenzen wachsen noch mehr an, wenn man anstelle der Filzdecken auf der einen Seite eine Wolldecke, auf der anderen einen menschlichen Körper einsetzt.

VI. Messungen an Versuchspersonen zur Feststellung der Brauchbarkeit und der Bedeutung der Meßergebnisse in V b) und V[10]

Die Versuche wurden an 11 Versuchsteilnehmern durchgeführt. Tabelle 18 bringt die notwendigen Angaben über die 6 männlichen und 6 weiblichen Versuchsteilnehmer. Als Versuchsstand diente ein Camping-Bett mit Leinentuchauflage, zum Zudecken der Versuchsteilnehmer eine Wolldecke, doppelt gelegt, in Leinenbezug. Der Versuchsraum war geheizt, Heizkissen in Leinenbeutel wurden auf die Bauchdecke unmittelbar aufgelegt. Die Meßstellen lagen innerhalb des Bezuges.

Tabelle 19 und 20 bringen Einzelergebnisse über die Messungen an Versuchsteilnehmern, Tabelle 21 eine Zusammenstellung der Temperaturen. Die Festlegung von 20 W ist, wie die Messungen an den Versuchsteilnehmern gezeigt haben, als willkürlich anzusehen. Die erheblichen Schwankungen in der Oberflächentemperatur und der Heizleitertemperatur zeigen, daß der Wärmeentzug durchaus individuell stark verschieden ist.

---

9. Nach den Messungen von Th. HEGBOM [4] muß man mit Streuungen bis zu + 20 % rechnen, wie sie auch schon jetzt in den VDE-Vorschriften [5,6] festgelegt sind
10. Die Messungen wurden von Fräulein B. KRUMMER und Herrn Ing. W. HANEWICKEL durchgeführt

Forschungsberichte des Wirtschafts- und Verkehrsministeriums Nordrhein-Westfalen

Tabelle 18

Angaben über die Versuchsteilnehmer

Männliche Versuchsteilnehmer	Alter	Beruf	Konstitution
1	28	Elektromechaniker	kräftig
2	28	Dipl.-Ing. Nordländer	schlank
3	68	Ingenieur	normal, wohlgenährt
4	28	Dipl.-Ing.	normal
5	21	Student	schlank
6	17	Elektromechan.-Lehrlg.	zierlich

Weibliche Versuchsteilnehmer	Alter	Beruf	Konstitution
7	17	Büro-Lehrling	kräftig
8	45	Bürokraft	wohlgenährt
9	24	Studentin	schlank, sportlich
10	23	Haushaltberaterin	schlank, zierlich
11	21	Studentin	vollschlank

Bemerkung: Die Versuchsteilnehmer fühlten sich gesund und waren ohne Beschwerden, der Wärmebedarf also nicht gesteigert. Begonnen wurde mit niedrigster Schaltstufe I; die Stufen wurden von den männlichen Versuchsteilnehmern nach jeweils 30 min geschaltet; von den weiblichen Versuchsteilnehmern wurde Stufe III überwiegend nach einer Zeit unter 30 min abgeschaltet. Die Heizkissen-Oberflächentemperaturen sind an der dem Körper zugewandten Seite des Heizkissens gemessen, entweder nach 30 min oder bei Stufe III im Zeitpunkt des Abschaltens durch den Versuchsteilnehmer

Forschungsberichte des Wirtschafts- und Verkehrsministeriums Nordrhein-Westfalen

Tabelle 19

Versuchsteilnehmer unter dem Einkreis-Heizkissen mit Platin-Wicklung

Versuchs-teilnehmer	Oberflächen-Temperatur ϑ_0 °C	Stufe I Urteil des Versuchs-teilnehmers	Oberflächen-Temperatur °C	Stufe II Urteil des Versuchs-teilnehmers	Oberflächen-Temperatur °C	Stufe III Urteil des Versuchs-teilnehmers
1	41	zu schwach	50	noch zu schwach	67	beinahe schon angenehm
2	45	etwas zu warm	54	zu warm	73	noch auszuhalten
3	44	angenehm	53	noch angenehm	62	auszuhalten
4	46	angenehm	53	angenehm	66	noch auszuhalten
5	46	angenehm	55	angenehm	72	auszuhalten
6	45	angenehm	43	noch angenehm	76	noch angenehm
7	43	angenehm	50	sehr angenehm	60	nach 10 min ab-geschaltet
8	--	angenehm	57	angenehm	78	nach 15 min ab-geschaltet
9	--	angenehm	54	angenehm	75	nach 15 min ab-geschaltet
10	--	angenehm	56	angenehm	67	auszuhalten
11	53	angenehm	--	zu warm	65	nach 12 min ab-geschaltet

Angelegte Spannung: 220 V

Tabelle 20

Versuchsteilnehmer unter dem Zweikreis-Heizkissen

Versuchs-teilnehmer	Oberflächen-Temperatur ϑ_o °C	Stufe I Urteil des Versuchs-teilnehmers	Oberflächen-Temperatur ϑ_o °C	Stufe II Urteil des Versuchs-teilnehmers	Oberflächen-Temperatur ϑ_o °C	Stufe III Urteil des Versuchs-teilnehmers
1	51	zu schwach	64	noch zu schwach	73	beinahe angenehm
2	52	etwas zu warm	66	auszuhalten	72	noch auszuhalten
3	49	angenehm	67	angenehm	70	auszuhalten
4	53	angenehm	70	angenehm	79	noch auszuhalten
5	--	--	--	--	--	--
6	49	schon angenehm	65	angenehm	65	angenehm
7	52	angenehm	66	noch zu ertragen	76	nach 7 min abge-schaltet
8	--	--	--	--	--	--
9	51	angenehm	65	noch zu ertragen	82	nach 8 min abge-schaltet
10	--	--	--	--	--	--
11	47	angenehm	54	noch zu ertragen	65	nach 7 min abge-schaltet

Angelegte Spannung: 220 V

Tabelle 21

Zusammenstellung der Temperaturen der Versuchsheizkissen für verschiedene Art des Wärmeentzugs

[vgl. Tabellen 15 und 16, ferner 19 und 20]

Art des Heizkissens	Art des Wärmeentzugs	Temperatur an der Heizkordel ϑ_u		Oberflächentemperatur ϑ_o		
		St. II	St. III	St. II	St. III	
Einkreis-Heizkissen (Platin-Meßheizkissen)	ß) Schirmringanordnung mit 2 Filzdecken	76 °C	105 °C	61 °C	89 °C	} rd. 20 W Entzug
	γ) 2 Filzdecken in CEE-Anordnung	69 °C	95 °C	60 °C	81 °C	
	-) zwischen menschlichem Körper und Wolldecke	----	----	43 °C bis 57 °C	60 °C bis 78 °C	
Zweikreis-Heizkissen handelsüblich, neu	ß) Schirmringanordnung mit 2 Filzdecken	111 °C	108 °C	83 °C	84 °C	} rd. 20 W Entzug
	γ) 2 Filzdecken in CEE-Anordnung	104 °C	104 °C	78 °C	79 °C	
	-) zwischen menschlichem Körper und Wolldecke	----	----	54 °C bis 70 °C	65 °C bis 70 °C	

Bemerkung: Bei dem Einkreis-Heizkissen wurden die Heizleitertemperaturen bei den Messungen an Versuchsteilnehmern zusätzlich bestimmt. Sie lagen bei Stufe II zwischen 72 °C und 91 °C, bei Stufe III zwischen 83 °C und 119 °C.

Ein sehr starker Einfluß ist durch die Art und die Lage der Regler gegeben. Aus den Versuchsergebnissen ist zu schließen, daß Temperaturen von nur 70°C an der Oberfläche im allgemeinen nicht genügen dürften. Vielmehr müßte angestrebt werden, daß die Oberflächentemperaturen bei Stufe III höher als 70°C, bei Stufe II etwa 70°C und bei Stufe I etwa 50°C betragen sollten, damit der Heizkissenbenutzer durch entsprechende Schaltung in der Lage ist, die gewünschte Temperatur einzustellen. Bedenkt man, daß im Krankheitsfall zwischen Heizkissen und Körper irgendwelche Stoffe liegen werden, so müßte wegen deren Wärmewiderstand es möglich sein, Temperaturen über 70°C, wahrscheinlich bis zu 90°C, zu erreichen.

VII. Versuchsmäßige Nachahmung des Falles der teilweisen Abdeckung

Die bisherige Handhabung der teilweisen Abdeckung, z.B. durch teilweises Heraushängenlassen des Prüflings aus dem Prüfkasten, hat zu manchen Unstimmigkeiten geführt, weil sehr oft unnatürliche prüfungsmäßige Anordnungen gewählt worden sind. Im praktischen Betrieb ist aber mit der Möglichkeit einer nur teilweisen Abdeckung zu rechnen. Dabei ist besonders der Fall kritisch, bei dem ein Regler nicht abgedeckt ist, die Wärmedämmung über ihm also gering wird. In diesem Fall kühlt der Regler schneller ab und schaltet öfters ein als im abgedeckten Zustand. Die Folge ist eine Zunahme der Temperatur der Heizwicklung, der Heizkordel und schließlich der Heizkissen-Oberflächen. Zur versuchsmäßigen Nachbildung in der Meßanordnung nach Abbildung 6 wurde die Wärmedämmstoffschicht W über und unter dem Regler herausgeschnitten und die Heizleitertemperatur bestimmt.

In einer solchen Versuchsanordnung tritt über dem Regler nur schwache Konvektion auf. Da sicher im praktischen Gebrauch Konvektion zu erwarten ist, ist die Versuchsanordnung zu günstig. Sie ist aber andererseits zu ungünstig, weil der Regler völlig frei liegt, was in der Praxis wiederum nicht zu erwarten ist. Tabelle 22 zeigt für den Wärmeentzug von 20 W bei dem Platin-Meßheizkissen einige vergleichende Werte, welche die dabei auftretende Steigerung der Temperaturen im Dauerbetrieb erkennen lassen. Weiter sind Werte angegeben für den Fall der höchstmöglichen Wärmeabführung auf der einen Seite durch Konvektion - im Versuch durch einen Wärmekurzschluß als Grenzfall (hier den Raum füllende Aluminium-

Forschungsberichte des Wirtschafts- und Verkehrsministeriums Nordrhein-Westfalen

Tabelle 22

Messungen am Platin-Meßheizkissen in der 20 W Schirmringanordnung bei 20°C Umgebungstemperatur bei vollständig abgedecktem Kissen und freiliegendem Hauptregler

	Heizleitertemperatur		
	abgedeckter Regler °C	beiderseitig freiliegender Regler °C	einseitig freiliegender Regler mit Wärmekurzschluß auf der anderen Seite °C
Spitzenwert	151	141	153
Dauerwert beim Einschalten des Reglers	120 [1]	151 [1]	150
Dauerwert beim Ausschalten des Reglers	99 [1]	116 [1]	115
	Heizkissen-Oberflächentemperatur		
Höchstwert H	97 [1]	133 [1]	132
Tiefstwert T	81	84	83
Mittelwert M_{12} aus 12 Messungen	89	113	112
Mittelwert M_2 aus 2 Messungen	89	120	108

[1] Wichtigste Werte für den Vergleich; H, T, M_{12}, M_2, s. Tabelle 5 und 6

klötzchen an Stelle des herausgeschnittenen Wärmedämmstoffes in der Reglerzone) - und durch Herausschneiden der Wärmedämmstoff-Schicht auf der anderen Seite. Die Versuche ergeben physikalische, aber nicht praktische Grenzwerte.

Interessant ist, daß sich ähnliche Werte ergeben beim beidseitigen Herausschneiden der Wärmedämmstoff-Schichten über dem Regler wie beim Herstellen eines Wärmekurzschlusses zwischen Regler und Umgebungstemperatur auf der einen Seite und gleichzeitigem Herausschneiden der Wärmedämmung auf der gegenüberliegenden Seite. Ein Unterschied ist nur bei den Spitzenwerten festzustellen, die aber genau so hoch wie bei abgedecktem Regler liegen.

Diese Versuche wurden an Einkreis-Heizkissen durchgeführt, jedoch nicht an Zweikreis-Heizkissen, weil ein solches Meßheizkissen nicht zur Verfügung stand. Die Ergebnisse entsprechen wohl etwa den bei teilweiser Abdeckung im VDE-Prüfkasten festgestellten Werten.

Der hier nachgeahmte Fall hat nur Bedeutung, wenn das Heizkissen etwa zum Anwärmen eines Bettes verwandt wird und sein Einlegen so unachtsam geschieht, daß ein teilweises Freiliegen eintritt.

VIII. Schlußfolgerungen für die zu erwartenden Meßgenauigkeiten

Bei Vereinfachung des Meßverfahrens gegenüber der Schirmring-Prüfanordnung und bei Berücksichtigung der in Abschnitt III gemachten Ausführungen und in Abschnitt IV und V wiedergegebenen Messungen muß man naturgemäß mit einer gewissen Streuung rechnen. Man sollte eine Genauigkeit von $\pm$ 20 % für die vereinfachte Anordnung zwischen Filzdecken bei Außerachtlassung der relativen Luftfeuchtigkeit und Nichtverwendung von wenn auch unbeheizten Außenringen ähnlich Abbildung 4 zugrundelegen. Diese Meßgenauigkeit begrenzt die oberen Werte der Heizkissenoberflächentemperaturen und auch der Kordeltemperaturen, denn es muß vermieden werden, daß die Werkstoffe in und an den Heizkissen unzulässig hohen Temperaturen ausgesetzt werden. Man wird also wegen des an sich ungenauen Meßverfahrens nicht bis werkstoffseitig möglichen Temperaturen herangehen können. Die zuletzt von der CEE in der Frühjahrssitzung 1957 angenommenen Temperaturen liegen für das für Mitteleuropa zugelassene Heizkissen für die Oberflächentemperatur im Dauerzustand bei 100°C und bei 120°C innerhalb der ersten Viertelstunde nach dem Einschalten. Diese Werte werden nach den Messungen in der Schirmring-Anordnung in bezug auf den Dauerzustand eingehalten, ebenso in bezug auf den Höchstwert innerhalb der ersten 15 Minuten, wie Tabelle 7, 15 und 16 erkennen lassen, wenn man einen Wärmeentzug von etwa 20 Watt zugrundelegt.

Die CEE-Vorschrift muß sinngemäß eine gewisse Toleranz für die oben angegebenen Werte zulassen, da sie mit der Festlegung der Prüfung zwischen 2 Filzdecken ein verhältnismäßig einfaches Meßverfahren aus rein praktischen Gründen festgelegt hat. Sie wird $\pm$ 20 % betragen müssen.

IX. Zusammenfassung

Zusammenfassend kann man feststellen: Die Untersuchungen an Heizkissen in verschiedenen Prüfschaltungen und an Versuchspersonen zeigen, daß die bisher in Mitteleuropa üblichen Heizkissen den Anforderungen auf thermische Sicherheit genügen und auch dem Benutzer die Möglichkeit bieten, sich die von ihm gewünschten Temperaturen einstellen zu können. Dabei erreichen die Heizkissenwerkstoffe keine Temperatur, die eine vorzeitige Alterung zur Folge haben würden.

Professor Dr.-Ing. Harald MÜLLER

X. Literaturverzeichnis

[1] MÜLLER, Har.   "Über Schirmringanordnungen in der Wärmetechnik";
Elektrowärme-Technik 2 (1951) S. 121

[2] ZSCHAAGE, W.   "Nachahmung des elektrischen Feldes von Leitungen im elektrolytischen Trog";
ETZ 46 (1925) S. 1215

[3] JAKOB, M.   "Verfahren zur Messung der Wärmeleitfähigkeit fester Stoffe in Plattenform";
Zeitschr.f.techn. Physik 7 (1926) S. 475

[4] HEGBOM, Th.   "Bestimmung der Wärmeleitfähigkeit von Filz bei 20°C mit Hilfe des Schutzringverfahrens von M. JAKOB u. Har. MÜLLER";
Elektrowärme 15 (1957) H. 8

[5] VDE 0725/III.42. und VDE 0725/7.50   Vorschriften mit schmiegsame Elektrowärmegeräte mit gleichem Titel

[6] VDE 0725 Ü/7.50   Übergangsvorschriften für schmiegsame Elektrowärmegeräte

[7]   Ergänzung 1 zu den Vorschriften (Veröffentlichung 11) für die Koch- und Heizgeräte für Haushalt- und ähnliche Zwecke (1956) der CEE

FORSCHUNGSBERICHTE DES WIRTSCHAFTS- UND VERKEHRSMINISTERIUMS NORDRHEIN-WESTFALEN

Herausgegeben von Staatssekretär Prof. Dr. h. c. Leo Brandt

HEFT 1
Prof. Dr.-Ing. E. Flegler, Aachen
Untersuchungen oxydischer Ferromagnet-Werkstoffe
1952, 20 Seiten, DM 6,75

HEFT 2
Prof. Dr. W. Fuchs, Aachen
Untersuchungen über absatzfreie Teeröle
1952, 32 Seiten, 5 Abb., 6 Tabellen, DM 10,—

HEFT 3
Techn.-Wissenschaftl. Büro für die Bastfaserindustrie, Bielefeld
Untersuchungsarbeiten zur Verbesserung des Leinenwebstuhls
1952, 44 Seiten, 7 Abb., 3 Tabellen, DM 12,50

HEFT 4
Prof. Dr. E. A. Müller und Dipl.-Ing. H. Spitzer, Dortmund
Untersuchungen über die Hitzebelastung in Hüttenbetrieben
1952, 28 Seiten, 5 Abb., 1 Tabelle, DM 9,—

HEFT 5
Dipl.-Ing. W. Fister, Aachen
Prüfstand der Turbinenuntersuchungen
1952, 40 Seiten, 30 Abb., 3 Schaltbilder, DM 1,—

HEFT 6
Prof. Dr. W. Fuchs, Aachen
Untersuchungen über die Zusammensetzung und Verwendbarkeit von Schwelteerfraktionen
1952, 36 Seiten, DM 10,50

HEFT 7
Prof. Dr. W. Fuchs, Aachen
Untersuchungen über emsländisches Petrolatum
1952, 36 Seiten, 1 Abb., 17 Tabellen, DM 10,50

HEFT 8
M. E. Meffert und H. Stratmann, Essen
Algen-Großkulturen im Sommer 1951
1953, 52 Seiten, 4 Abb., 20 Tabellen, DM 9,75

HEFT 9
Techn.-Wissenschaftl. Büro für die Bastfaserindustrie, Bielefeld
Untersuchungen über die zweckmäßige Wicklungsart von Leinengarnkreuzspulen unter Berücksichtigung der Anwendung hoher Geschwindigkeiten des Garnes
Vorversuche für Zetteln und Schären von Leinengarnen auf Hochleistungsmaschinen
1952, 48 Seiten, 7 Abb., 7 Tabellen, DM 9,25

HEFT 10
Prof. Dr. W. Vogel, Köln
„Das Streifenpaar" als neues System zur mechanischen Vergrößerung kleiner Verschiebungen und seine technischen Anwendungsmöglichkeiten
1953, 20 Seiten, 6 Abb., DM 4,50

HEFT 11
Laboratorium für Werkzeugmaschinen und Betriebslehre, Technische Hochschule Aachen
1. Untersuchungen über Metallbearbeitung im Fräsvorgang mit Hartmetallwerkzeugen und negativem Spanwinkel
2. Weiterentwicklung des Schleifverfahrens für die Herstellung von Präzisionswerkstücken unter Vermeidung hoher Temperaturen
3. Untersuchung von Oberflächenveredlungsverfahren zur Steigerung der Belastbarkeit hochbeanspruchter Bauteile
1953, 80 Seiten, 61 Abb., DM 15,75

HEFT 12
Elektrowärme-Institut, Langenberg (Rhld.)
Induktive Erwärmung mit Netzfrequenz
1952, 22 Seiten, 6 Abb., DM 5,20

HEFT 13
Techn.-Wissenschaftl. Büro für die Bastfaserindustrie, Bielefeld
Das Naßspinnen von Bastfasergarnen mit chemischen Zusätzen zum Spinnbad
1953, 52 Seiten, 4 Abb., 19 Tabellen, DM 10,—

HEFT 14
Forschungsstelle für Acetylen, Dortmund
Untersuchungen über Aceton als Lösungsmittel für Acetylen
1952, 64 Seiten, 10 Abb., 26 Tabellen, DM 12,25

HEFT 15
Wäschereiforschung Krefeld
Trocknen von Wäschestoffen
1953, 48 Seiten, 14 Abb., 2 Tabellen, DM 9,—

HEFT 16
Max-Planck-Institut für Kohlenforschung, Mülheim a. d. Ruhr
Arbeiten des MPI für Kohlenforschung
1953, 104 Seiten, 9 Abb., DM 17,80

HEFT 17
Ingenieurbüro Herbert Stein, M.-Gladbach
Untersuchung der Verzugsvorgänge in den Streckwerken verschiedener Spinnereimaschinen. 1. Bericht: Vergleichende Prüfung mit verschiedenen Dickenmeßgeräten
1952, 36 Seiten, 15 Abb., DM 8,—

HEFT 18
Wäschereiforschung Krefeld
Grundlagen zur Erfassung der chemischen Schädigung beim Waschen
1953, 68 Seiten, 15 Abb., 15 Tabellen, DM 12,75

HEFT 19
Techn.-Wissenschaftl. Büro für die Bastfaserindustrie, Bielefeld
Die Auswirkung des Schlichtens von Leinengarnketten auf den Verarbeitungswirkungsgrad, sowie die Festigkeit und Dehnungsverhältnisse der Garne und Gewebe
1953, 48 Seiten, 1 Abb., 9 Tabellen, DM 9,—

HEFT 20
Techn.-Wissenschaftl. Büro für die Bastfaserindustrie, Bielefeld
Trocknung von Leinengarnen I
Vorgang und Einwirkung auf die Garnqualität
1953, 62 Seiten, 18 Abb., 5 Tabellen, DM 12,—

HEFT 21
Techn.-Wissenschaftl. Büro für die Bastfaserindustrie, Bielefeld
Trocknung von Leinengarnen II
Spulenanordnung und Luftführung beim Trocknen von Kreuzspulen
1953, 66 Seiten, 22 Abb., 9 Tabellen, DM 13,—

HEFT 22
Techn.-Wissenschaftl. Büro für die Bastfaserindustrie, Bielefeld
Die Reparaturanfälligkeit von Webstühlen
1953, 28 Seiten, 7 Abb., 5 Tabellen, DM 5,80

HEFT 23
Institut für Starkstromtechnik, Aachen
Rechnerische und experimentelle Untersuchungen zur Kenntnis der Metadyne als Umformer von konstanter Spannung auf konstanten Strom
1953, 52 Seiten, 20 Abb., 4 Tafeln, DM 9,75

HEFT 24
Institut für Starkstromtechnik, Aachen
Vergleich verschiedener Generator-Metadyne-Schaltungen in bezug auf statisches Verhalten
1952, 44 Seiten, 23 Abb., DM 8,50

HEFT 25
Gesellschaft für Kohlentechnik mbH., Dortmund-Eving
Struktur der Steinkohlen und Steinkohlen-Kokse
1953, 58 Seiten, DM 11,—

HEFT 26
Techn.-Wissenschaftl. Büro für die Bastfaserindustrie, Bielefeld
Vergleichende Untersuchungen zweier neuzeitlicher Ungleichmäßigkeitsprüfer für Bänder und Garne hinsichtlich ihrer Eignung für die Bastfaserspinnerei
1953, 64 Seiten, 30 Abb., DM 12,50

HEFT 27
Prof. Dr. E. Schratz, Münster
Untersuchungen zur Rentabilität des Arzneipflanzenanbaues Römische Kamille, Anthemis nobilis L.
1953, 16 Seiten, 1 Tabelle, DM 3,60

HEFT 28
Prof. Dr. E. Schratz, Münster
Calendula officinalis L. Studien zur Ernährung, Blütenfüllung und Rentabilität der Drogengewinnung
1953, 24 Seiten, 2 Abb., 3 Tabellen, DM 5,20

HEFT 29
Techn.-Wissenschaftl. Büro für die Bastfaserindustrie, Bielefeld
Die Ausnützung der Leinengarne in Geweben
1953, 100 Seiten, 14 Abb., 10 Tabellen, DM 17,80

HEFT 30
Gesellschaft für Kohlentechnik mbH., Dortmund-Eving
Kombinierte Entaschung und Verschwelung von Steinkohle; Aufarbeitung von Steinkohlenschlämmen zu verkokbarer oder verschwelbarer Kohle
1953, 56 Seiten, 16 Abb., 10 Tabellen, DM 10,50

HEFT 31
Dipl.-Ing. A. Stormanns, Essen
Messung des Leistungsbedarfs von Doppelsteg-Kettenförderern
1954, 54 Seiten, 18 Abb., 3 Anlagen, DM 11,—

HEFT 32
Techn.-Wissenschaftl. Büro für die Bastfaserindustrie, Bielefeld
Der Einfluß der Natriumchloridbleiche auf Qualität und Verwebbarkeit von Leinengarnen und die Eigenschaften der Leinengewebe unter besonderer Berücksichtigung des Einsatzes von Schützen- und Spulenwechselautomaten in der Leinenweberei
1953, 64 Seiten, 2 Abb., 12 Tabellen, DM 11,50

HEFT 33
Kohlenstoffbiologische Forschungsstation e. V.
Eine Methode zur Bestimmung von Schwefeldioxyd und Schwefelwasserstoff in Rauchgasen und in der Atmosphäre
1953, 32 Seiten, 8 Abb., 3 Tabellen, DM 6,50

HEFT 34
Textilforschungsanstalt Krefeld
Quellungs- und Entquellungsvorgänge bei Faserstoffen
1953, 52 Seiten, 13 Abb., 13 Tabellen, DM 9,80

WESTDEUTSCHER VERLAG · KÖLN UND OPLADEN

HEFT 35
Professor Dr. W. Kast, Krefeld
Feinstrukturuntersuchungen an künstlichen Zellulosefasern verschiedener Herstellungsverfahren. Teil I: Der Orientierungszustand
1953, 74 Seiten, 30 Abb., 7 Tabellen, DM 13,80

HEFT 36
Forschungsinstitut der feuerfesten Industrie, Bonn
Untersuchungen über die Trocknung von Rohton
Untersuchungen über die chemische Reinigung von Silika- und Schamotte-Rohstoffen mit chlorhaltigen Gasen
1953, 60 Seiten, 5 Abb., 5 Tabellen, DM 11,—

HEFT 37
Forschungsinstitut der feuerfesten Industrie, Bonn
Untersuchungen über den Einfluß der Probenvorbereitung auf die Kaltdruckfestigkeit feuerfester Steine
1953, 40 Seiten, 2 Abb., 5 Tabellen, DM 7,80

HEFT 38
Forschungsstelle für Acetylen, Dortmund
Untersuchungen über die Trocknung von Acetylen zur Herstellung von Dissousgas
1953, 36 Seiten, 11 Abb., 3 Tabellen, DM 6,80

HEFT 39
Forschungsgesellschaft Blechverarbeitung e. V., Düsseldorf
Untersuchungen an prägegemusterten und vorgelochten Blechen
1953, 46 Seiten, 34 Abb., DM 9,50

HEFT 40
Landesgeologe Dr.-Ing. W. Wolff, Amt für Bodenforschung, Krefeld
Untersuchungen über die Anwendbarkeit geophysikalischer Verfahren zur Untersuchung von Spateisengängen im Siegerland
1953, 46 Seiten, 8 Abb., DM 8,80

HEFT 41
Techn.-Wissenschaftl. Büro für die Bastfaserindustrie, Bielefeld
Untersuchungsarbeiten zur Verbesserung des Leinenwebstuhles II
1953, 40 Seiten, 4 Abb., 5 Tabellen, DM 7,80

HEFT 42
Professor Dr. B. Helferich, Bonn
Untersuchungen über Wirkstoffe — Fermente — in der Kartoffel und die Möglichkeit ihrer Verwendung
1953, 58 Seiten, 9 Abb., DM 11,—

HEFT 43
Forschungsgesellschaft Blechverarbeitung e. V., Düsseldorf
Forschungsergebnisse über das Beizen von Blechen
1953, 48 Seiten, 38 Abb., 2 Tabellen, DM 11,30

HEFT 44
Arbeitsgemeinschaft für praktische Dehnungsmessung, Düsseldorf
Eigenschaften und Anwendungen von Dehnungsmeßstreifen
1953, 68 Seiten, 43 Abb., 2 Tabellen, DM 13,70

HEFT 45
Losenhausenwerk Düsseldorfer Maschinenbau AG., Düsseldorf
Untersuchungen von störenden Einflüssen auf die Lastgrenzenanzeige von Dauerschwingprüfmaschinen
1953, 36 Seiten, 11 Abb., 3 Tabellen, DM 7,25

HEFT 46
Prof. Dr. W. Fuchs, Aachen
Untersuchungen über die Aufbereitung von Wasser für die Dampferzeugung in Benson-Kesseln
1953, 58 Seiten, 18 Abb., 9 Tabellen, DM 11,20

HEFT 47
Prof. Dr.-Ing. K. Krekeler, Aachen
Versuche über die Anwendung der induktiven Erwärmung zum Sintern von hochschmelzenden Metallen sowie zur Anlegierung und Vergütung von aufgespritzten Metallschichten mit dem Grundwerkstoff
1954, 66 Seiten, 39 Abb., DM 13,90

HEFT 48
Max-Planck-Institut für Eisenforschung, Düsseldorf
Spektrochemische Analyse der Gefügebestandteile in Stählen nach ihrer Isolierung
1953, 38 Seiten, 8 Abb., 5 Tabellen, DM 7,80

HEFT 49
Max-Planck-Institut für Eisenforschung, Düsseldorf
Untersuchungen über Ablauf der Desoxydation und die Bildung von Einschlüssen in Stählen
1953, 52 Seiten, 19 Abb., 3 Tabellen, DM 12,40

HEFT 50
Max-Planck-Institut für Eisenforschung, Düsseldorf
Flammenspektralanalytische Untersuchung der Ferritzusammensetzung in Stählen
1953, 44 Seiten, 15 Abb., 4 Tabellen, DM 8,60

HEFT 51
Verein zur Förderung von Forschungs- und Entwicklungsarbeiten in der Werkzeugindustrie e. V., Remscheid
Untersuchungen an Kreissägeblättern für Holz, Fehler- und Spannungsprüfverfahren
1953, 50 Seiten, 23 Abb., DM 10,—

HEFT 52
Forschungsstelle für Acetylen, Dortmund
Untersuchungen über den Umsatz bei der explosiblen Zersetzung von Azetylen
a) Zersetzung von gasförmigem Azetylen
b) Zersetzung von an Silikagel absorbiertem Azetylen
1954, 48 Seiten, 8 Abb., 10 Tabellen, DM 9,25

HEFT 53
Professor Dr.-Ing. H. Opitz, Aachen
Reibwert und Verschleißmessungen an Kunststoffgleitführungen für Werkzeugmaschinen
1954, 38 Seiten, 18 Abb., DM 8,20

HEFT 54
Professor Dr.-Ing. F. A. F. Schmidt, Aachen
Schaffung von Grundlagen für die Erhöhung der spez. Leistung und Herabsetzung des spez. Brennstoffverbrauches bei Ottomotoren mit Teilbericht über Arbeiten an einem neuen Einspritzverfahren
1954, 34 Seiten, 15 Abb., 3 Tabellen, DM 7,40

HEFT 55
Forschungsgesellschaft Blechverarbeitung e. V., Düsseldorf
Chemisches Glänzen von Messing und Neusilber
1954, 50 Seiten, 21 Abb., 1 Tabelle, DM 10,20

HEFT 56
Forschungsgesellschaft Blechverarbeitung e. V., Düsseldorf
Untersuchungen über einige Probleme der Behandlung von Blechoberflächen
1954, 52 Seiten, 42 Abb., DM 11,20

HEFT 57
Prof. Dr.-Ing. F. A. F. Schmidt, Aachen
Untersuchungen zur Erforschung des Einflusses des chemischen Aufbaues des Kraftstoffes auf sein Verhalten im Motor und in Brennkammern von Gasturbinen
1954, 70 Seiten, 32 Abb., DM 14,60

HEFT 58
Gesellschaft für Kohlentechnik mbH., Dortmund
Herstellung und Untersuchung von Steinkohlenschwelteer
1954, 74 Seiten, 9 Abb., 9 Tabellen, DM 13,75

HEFT 59
Forschungsinstitut der Feuerfest-Industrie e. V., Bonn
Ein Schnellanalysenverfahren zur Bestimmung von Aluminiumoxyd, Eisenoxyd und Titanoxyd in feuerfestem Material mittels organischer Farbreagenzien auf photometrischem Wege
Untersuchungen des Alkali-Gehaltes feuerfester Stoffe mit dem Flammenphotometer nach Riehm-Lange
1954, 62 Seiten, 12 Abb., 3 Tabellen, DM 11,60

HEFT 60
Forschungsgesellschaft Blechverarbeitung e. V., Düsseldorf
Untersuchungen über das Spritzlackieren im elektrostatischen Hochspannungsfeld
1954, 82 Seiten, 53 Abb., 7 Tabellen, DM 17,—

HEFT 61
Verein zur Förderung von Forschungs- und Entwicklungsarbeiten in der Werkzeugindustrie e. V., Remscheid
Schwingungs- und Arbeitsverhalten von Kreissägeblättern für Holz
1954, 54 Seiten, 31 Abb., DM 11,40

HEFT 62
Professor Dr. W. Franz, Institut für theoretische Physik der Universität Münster
Berechnung des elektrischen Durchschlags durch feste und flüssige Isolatoren
1954, 36 Seiten, DM 7,—

HEFT 63
Textilforschungsanstalt Krefeld
Neue Methoden zur Untersuchung der Wirkungsweise von Textilhilfsmitteln
Untersuchungen über Schlichtungs- und Entschlichtungsvorgänge
1954, 34 Seiten, 1 Abb., 5 Tabellen, DM 6,80

HEFT 64
Textilforschungsanstalt Krefeld
Die Kettenlängenverteilung von hochpolymeren Faserstoffen
Über die fraktionierte Fällung von Polyamiden
1954, 44 Seiten, 13 Abb., DM 8,60

HEFT 65
Fachverband Schneidwarenindustrie, Solingen
Untersuchungen über das elektrolytische Polieren von Tafelmesserklingen aus rostfreiem Stahl
1954, 90 Seiten, 38 Abb., 9 Tabellen, DM 17,35

HEFT 66
Dr.-Ing. P. Füsgen VDI †, Düsseldorf
Untersuchungen über das Auftreten des Ratterns bei selbsthemmenden Schneckengetrieben und seine Verhütung
1954, 32 Seiten, 5 Abb., DM 6,60

HEFT 67
Heinrich Wösthoff o. H. G., Apparatebau, Bochum
Entwicklung einer chemisch-physikalischen Apparatur zur Bestimmung kleinster Kohlenoxyd-Konzentrationen
1954, 94 Seiten, 48 Abb., 2 Tabellen, DM 18,25

HEFT 68
Koblenstoffbiologische Forschungsstation e. V., Essen
Algengroßkulturen im Sommer 1952
II. Über die unsterile Großkultur von Scenedesmus obliquus
1954, 62 Seiten, 3 Abb., 29 Tabellen, DM 11,40

HEFT 69
Wäschereiforschung Krefeld
Bestimmung des Faserabbaues bei Leinen unter besonderer Berücksichtigung der Leinengarnbleiche
1954, 48 Seiten, 15 Abb., 3 Tabellen, DM 9,60

HEFT 70
Wäschereiforschung Krefeld
Trocknen von Wäschestoffen
1954, 52 Seiten, 18 Abb., 3 Tabellen, DM 10,—

HEFT 71
Prof. Dr.-Ing. K. Leist, Aachen
Kleingasturbinen, insbesondere zum Fahrzeugantrieb
1954, 114 Seiten, 85 Abb., DM 22,—

HEFT 72
Prof. Dr.-Ing. K. Leist, Aachen
Beitrag zur Untersuchung von stehenden geraden Turbinengittern mit Hilfe von Druckverteilungsmessungen
1954, 152 Seiten, 111 Abb., DM 36,20

HEFT 73
Prof. Dr.-Ing. K. Leist, Aachen
Spannungsoptische Untersuchungen von Turbinenschaufelfüßen
1954, 66 Seiten, 46 Abb., 2 Tabellen, DM 14,60

HEFT 74
Max-Planck-Institut für Eisenforschung, Düsseldorf
Versuche zur Klärung des Umwandlungsverhaltens eines sonderkarbidbildenden Chromstahls
1954, 58 Seiten, 10 Abb., DM 14,—

HEFT 75
Max-Planck-Institut für Eisenforschung, Düsseldorf
Zeit-Temperatur-Umwandlungs-Schaubilder als Grundlage der Wärmebehandlung der Stähle
1954, 44 Seiten, 13 Abb., DM 8,70

HEFT 76
Max-Planck-Institut für Arbeitsphysiologie, Dortmund
Arbeitstechnische und arbeitsphysiologische Rationalisierung von Mauersteinen
1954, 52 Seiten, 12 Abb., 3 Tabellen, DM 10,20

HEFT 77
Meteor Apparatebau Paul Schmeck GmbH., Siegen
Entwicklung von Leuchtstoffröhren hoher Leistung
1954, 46 Seiten, 12 Abb., 2 Tabellen, DM 9,15

HEFT 78
Forschungsstelle für Acetylen, Dortmund
Über die Zustandsgleichung des gasförmigen Acetylens und das Gleichgewicht Acetylen — Aceton
1954, 42 Seiten, 3 Abb., 8 Tabellen, DM 8,—

HEFT 79
Techn.-Wissenschaftl. Büro für die Bastfaserindustrie, Bielefeld
Trocknung von Leinengarnen III
Spinnspulen- und Spinnkopftrocknung
Vorgang und Einwirkung auf die Garnqualität
1954, 74 Seiten, 18 Abb., 10 Tabellen, DM 14,—

WESTDEUTSCHER VERLAG · KÖLN UND OPLADEN

HEFT 80
Techn.-Wissenschaftl. Büro für die Bastfaserindustrie, Bielefeld
Die Verarbeitung von Leinengarn auf Webstühlen mit und ohne Oberbau
1954, 30 Seiten, 2 Abb., 2 Tabellen, DM 6,—

HEFT 81
Prüf- und Forschungsinstitut für Ziegeleierzeugnisse, Essen-Kray
Die Einführung des großformatigen Einheits-Gitterziegels im Lande Nordrhein-Westfalen
1954, 54 Seiten, 2 Abb., 2 Tabellen, DM 10,—

HEFT 82
Vereinigte Aluminium-Werke AG., Bonn
Forschungsarbeiten auf dem Gebiet der Veredelung von Aluminium-Oberflächen
1954, 46 Seiten, 34 Abb., DM 9,60

HEFT 83
Prof. Dr. S. Strugger, Münster
Über die Struktur der Proplastiden
1954, 30 Seiten, 15 Abb., DM 8,40

HEFT 84
Dr. H. Baron, Düsseldorf
Über Standardisierung von Wundtextilien
1954, 32 Seiten, DM 6,40

HEFT 85
Textilforschungsanstalt Krefeld
Physikalische Untersuchungen an Fasern, Fäden, Garnen und Geweben:
Untersuchungen am Knickscheuergerät nach Weltzien
1954, 40 Seiten, 11 Abb., 8 Tabellen, DM 10,—

HEFT 86
Prof. Dr.-Ing. H. Opitz, Aachen
Untersuchungen über das Fräsen von Baustahl sowie über den Einfluß des Gefüges auf die Zerspanbarkeit
1954, 108 Seiten, 73 Abb., 7 Tabellen, DM 22,—

HEFT 87
Gemeinschaftsausschuß Verzinken, Düsseldorf
Untersuchungen über Güte von Verzinkungen
1954, 68 Seiten, 56 Abb., 3 Tabellen, DM 15,30

HEFT 88
Gesellschaft für Kohlentechnik mbH., Dortmund-Eving
Oxydation von Steinkohle mit Salpetersäure
1954, 62 Seiten, 2 Abb., 1 Tabelle, DM 11,50

HEFT 89
Verein Deutscher Ingenieure, Gleitlagerforschung, Düsseldorf und Prof. Dr.-Ing. G. Vogelpohl, Göttingen
Versuche mit Preßstoff-Lagern für Walzwerke
1954, 70 Seiten, 34 Abb., DM 14,10

HEFT 90
Forschungs-Institut der Feuerfest-Industrie, Bonn
Das Verhalten von Silikasteinen im Siemens-Martin-Ofengewölbe
1954, 62 Seiten, 15 Abb., 11 Tabellen, DM 11,90

HEFT 91
Forschungs-Institut der Feuerfest-Industrie, Bonn
Untersuchungen des Zusammenhangs zwischen Leistung und Kohlenverbrauch von Kammeröfen zum Brennen von feuerfesten Materialien
1954, 42 Seiten, 6 Abb., DM 8,30

HEFT 92
Techn.-Wissenschaftl. Büro für die Bastfaserindustrie, Bielefeld und Laboratorium für textile Meßtechnik, M.-Gladbach
Messungen von Vorgängen am Webstuhl
1954, 76 Seiten, 45 Abb., DM 15,50

HEFT 93
Prof. Dr. W. Kast, Krefeld
Spinnversuche zur Strukturerfassung künstlicher Zellulosefasern
1954, 82 Seiten, 39 Abb., 6 Tabellen, DM 16,—

HEFT 94
Prof. Dr. G. Winter, Bonn
Die Heilpflanzen des MATTHIOLUS (1611) gegen Infektionen der Harnwege und Verunreinigung der Wunden bzw. zur Förderung der Wundheilung im Lichte der Antibiotikaforschung
1954, 58 Seiten, 1 Abb., 2 Tabellen, DM 11,50

HEFT 95
Prof. Dr. G. Winter, Bonn
Untersuchungen über die flüchtigen Antibiotika aus der Kapuziner- (Tropaeolum maius) und Gartenkresse (Lepidium sativum) und ihr Verhalten im menschlichen Körper bei Aufnahme von Kapuziner- bzw. Gartenkressensalat per os
1955, 74 Seiten, 9 Abb., 25 Tabellen, DM 14,—

HEFT 96
Dr.-Ing. P. Koch, Dortmund
Austritt von Exoelektronen aus Metalloberflächen unter Berücksichtigung der Verwendung des Effektes für die Materialprüfung
1954, 34 Seiten, 13 Abb., DM 7,—

HEFT 97
Ing. H. Stein, Laboratorium für textile Meßtechnik, M.-Gladbach
Untersuchung der Verzugsvorgänge an den Streckwerken verschiedener Spinnereimaschinen
2. Bericht: Ermittlung der Haft-Gleiteigenschaften von Faserbändern und Vorgarnen
1955, 98 Seiten, 54 Abb., DM 21,—

HEFT 98
Fachverband Gesenkschmieden, Hagen
Die Arbeitsgenauigkeit beim Gesenkschmieden unter Hämmern
1955, 132 Seiten, 55 Abb., 9 Tabellen, DM 24,75

HEFT 99
Prof. Dr.-Ing. G. Garbotz, Aachen
Der Kraft- und Arbeitsaufwand sowie die Leistungen beim Biegen von Bewehrungsstählen in Abhängigkeit von den Abmessungen, den Formen und der Güte der Stähle (Ermittlung von Leistungsrichtlinien)
1955, 136 Seiten, 53 Abb., 3 Anlagen, 18 Tabellen, DM 30,—

HEFT 100
Prof. Dr.-Ing. H. Opitz, Aachen
Untersuchungen von elektrischen Antrieben, Steuerungen und Regelungen an Werkzeugmaschinen
1955, 166 Seiten, 71 Abb., 3 Tabellen, DM 31,30

HEFT 101
Prof. Dr.-Ing. H. Opitz, Aachen
Wirtschaftlichkeitsbetrachtungen beim Außenrundschleifen
1955, 100 Seiten, 56 Abb., 3 Tabellen, DM 19,30

HEFT 102
Dr. P. Hölemann, Ing. R. Hasselmann und Ing. G. Dix, Dortmund
Untersuchungen über die thermische Zündung von explosiblen Acetylenzersetzungen in Kapillaren
1954, 44 Seiten, 5 Abb., 4 Tabellen, DM 8,60

HEFT 103
Prof. Dr. W. Weizel, Bonn
Durchführung von experimentellen Untersuchungen über den zeitlichen Ablauf von Funken in komprimierten Edelgasen sowie zu deren mathematischen Berechnung
1955, 46 Seiten, 12 Abb., DM 9,10

HEFT 104
Prof. Dr. W. Weizel, Bonn
Über den Einfluß der Elektroden auf die Eigenschaften von Cadmium-Sulfid-Widerstands-Photozellen
1955, 48 Seiten, 12 Abb., DM 9,45

HEFT 105
Dr.-Ing. R. Meldau, Harsewinkel/Westf.
Auswertung von Gekörn — Analysen des Musterstaubes „Flugasche Fortuna I"
1955, 42 Seiten, 14 Abb., DM 8,50

HEFT 106
ORR. Dr.-Ing. W. Küch, Dortmund
Untersuchungen über die Einwirkung von feuchtigkeitsgesättigter Luft auf die Festigkeit von Leimverbindungen
1954, 60 Seiten, 10 Abb., 6 Tabellen, DM 11,40

HEFT 107
Prof. Dr. H. Lange und Dipl.-Phys. P. St. Pütter, Köln
Über die Konstruktion von Laboratoriumsmagneten
1955, 66 Seiten, 19 Abb., 1 Tabelle, DM 12,30

HEFT 108
Prof. Dr. W. Fuchs, Aachen
Untersuchungen über neue Beizmethoden und Beizabwässer
I. Die Entzunderung von Drähten mit Natriumhydrid
II. Die Aufbereitung von Beizabwässern
1955, 82 S., 15 Abb., 14 Tabellen, 1 Falttafel, DM 15,25

HEFT 109
Dr. P. Hölemann und Ing. R. Hasselmann, Dortmund
Untersuchungen über die Löslichkeit von Azetylen in verschiedenen organischen Lösungsmitteln
1954, 42 Seiten, 10 Abb., 8 Tabellen, DM 8,30

HEFT 110
Dr. P. Hölemann und Ing. R. Hasselmann, Dortmund
Untersuchungen über den Druckverlauf bei der explosiblen Zersetzung von gasförmigem Azetylen
1955, 54 Seiten, 10 Abb., 5 Tabellen, DM 11,—

HEFT 111
Fachverband Steinzeugindustrie, Köln
Die Entwicklung eines Gerätes zur Beschickung seitlicher Feuer von Steinzeug-Einzelkammeröfen mit festen Brennstoffen
1955, 46 Seiten, 16 Abb., DM 9,40

HEFT 112
Prof. Dr.-Ing. H. Opitz, Aachen
Verschleißmessungen beim Drehen mit aktivierten Hartmetallwerkzeugen
1954, 44 Seiten, 17 Abb., 6 Tabellen, DM 8,80

HEFT 113
Prof. Dr. O. Graf, Dortmund
Erforschung der geistigen Ermüdung und nervösen Belastung: Studien über die vegetative 24-Stunden-Rhythmik in Ruhe und unter Belastung
1955, 40 Seiten, 12 Abb., DM 8,20

HEFT 114
Prof. Dr. O. Graf, Dortmund
Studien über Fließarbeitsprobleme an einer praxisnahen Experimentieranlage
1954, 34 Seiten, 6 Abb., DM 7,—

HEFT 115
Prof. Dr. O. Graf, Dortmund
Studium über Arbeitspausen in Betrieben bei freier und zeitgebundener Arbeit (Fließarbeit) und ihre Auswirkung auf die Leistungsfähigkeit
1955, 50 Seiten, 13 Abb., 2 Tabellen, DM 9,80

HEFT 116
Prof. Dr.-Ing. E. Siebel und Dr.-Ing. H. Weiss, Stuttgart
Untersuchungen an einigen Problemen des Tiefziehens — I. Teil
1955, 74 Seiten, 50 Abb., 5 Tabellen, DM 14,50

HEFT 117
Dr.-Ing. H. Beißwänger, Stuttgart, und Dr.-Ing. S. Schwandt, Trier
Untersuchungen an einigen Problemen des Tiefziehens — II. Teil
1955, 92 Seiten, 34 Abb., 8 Tabellen, DM 17,70

HEFT 118
Prof. Dr. E. A. Müller und Dr. H. G. Wenzel, Dortmund
Neuartige Klima-Anlage zur Erzeugung ungleicher Luft- und Strahlungstemperaturen in einem Versuchsraum
1955, 68 Seiten, 10 z. T. mehrfarb. Abb., DM 14,—

HEFT 119
Dr.-Ing. O. Viertel, Krefeld
Wäscherei- und energietechnische Untersuchung einer Gemeinschafts-Waschanlage
1955, 50 Seiten, 18 Abb., DM 10,20

HEFT 120
Dipl.-Ing. A. Weisbecker, Lüdenscheid
Über Anfressung an Reinstaluminium-Schweißnähten bei der elektrolytischen Oxydation
Gebr. Hörstermann GmbH., Velbert
Entwicklung und Erprobung eines neuartigen Gummibandförderers
1955, 46 Seiten, 18 Abb., DM 9,70

HEFT 121
Dr. H. Krebs, Bonn
I. Die Struktur und die Eigenschaften der Halbmetalle
II. Die Bestimmung der Atomverteilung in amorphen Substanzen
III. Die chemische Bindung in anorganischen Festkörpern und das Entstehen metallischer Eigenschaften
1955, 124 Seiten, 36 Abb., 13 Tabellen, DM 22,90

HEFT 122
Prof. Dr. W. Fuchs, Aachen
Untersuchungen zur Verbesserung der Wasseraufbereitung und Wasseranalyse:
Über die Schnellbewertung von Ionenaustauscher
1955, 62 Seiten, 32 Abb., DM 12,30

HEFT 123
Dipl.-Ing. J. Emondts, Aachen
Über Bodenverformungen bei stark gestörtem und mächtigem, wasserführendem Deckgebirge im Aachener Steinkohlengebiet
1955, 196 Seiten, 37 Abb., 10 Tabellen, DM 28,80

HEFT 124
Prof. Dr. R. Seyffert, Köln
Wege und Kosten der Distribution der Hausratwaren im Lande Nordrhein-Westfalen
1955, 74 Seiten, 25 Tabellen, DM 9,—

WESTDEUTSCHER VERLAG · KÖLN UND OPLADEN

HEFT 125
Prof. Dr. E. Kappler, Münster
Eine neue Methode zur Bestimmung von Kondensations-Koeffizienten von Wasser
1955, 46 Seiten, 11 Abb., 1 Tabelle, DM 9,10

HEFT 126
Prof. Dr.-Ing. J. Mathieu, Aachen
Arbeitszeitvergleich
Grundlagen, Methodik und praktische Durchführung
1955, 70 Seiten, DM 13,—

HEFT 127
Güteschutz Betonstein e. V., Arbeitskreis Nordrhein-Westfalen, Dortmund
Die Betonwaren-Gütesicherung im Lande Nordrhein-Westfalen
1955, 58 Seiten, 15 Abb., 3 Tabellen, DM 11,50

HEFT 128
Prof. Dr. O. Schmitz-DuMont, Bonn
Untersuchungen über Reaktionen in flüssigem Ammoniak
1955, 96 Seiten, 11 Abb., 6 Tabellen, DM 17,75

HEFT 129
Prof. Dr.-Ing. J. Mathieu und Dr. C. A. Roos, Aachen
Die Anlernung von Industriearbeitern
I. Ergebnisse einer grundsätzlichen Untersuchung der gegenwärtigen Industriearbeiter-Kurzanlernung
1955, 106 Seiten, DM 19,70

HEFT 130
Prof. Dr.-Ing. J. Mathieu und Dr. C. A. Roos, Aachen
Die Anlernung von Industriearbeitern
II. Beiträge zur Methodenfrage der Kurzanlernung
1955, 108 Seiten, DM 19,90

HEFT 131
Dr. W. Hoerburger, Köln
Versuche zur Biosynthese von Eiweiß aus Kohlenwasserstoff
1955, 34 Seiten, 2 Abb. DM 6,90

HEFT 132
Prof. Dr. W. Seith, Münster
Über Diffusionserscheinungen in festen Metallen
1955, 42 Seiten, 19 Abb., 4 Tabellen, DM 9,10

HEFT 133
Prof. Dr. E. Jenckel, Aachen
Über einen für Schwermetalle selektiven Ionenaustauscher
1955, 48 Seiten, 8 Abb., 13 Tabellen, DM 9,50

HEFT 134
Prof. Dr.-Ing. H. Winterhager, Aachen
Über die elektrochemischen Grundlagen der Schmelzfluß-Elektrolyse von Bleisulfid in geschmolzenen Mischungen mit Bleichlorid
1955, 54 Seiten, 20 Abb., 5 Tabellen, DM 11,80

HEFT 135
Prof. Dr.-Ing. K. Krekeler und Dr.-Ing. H. Peukert, Aachen
Die Änderung der mechanischen Eigenschaften thermoplastischer Kunststoffe durch Warmrecken
1955, 54 Seiten, 27 Abb., DM 11,10

HEFT 136
Dipl.-Phys. P. Pilz, Remscheid
Über spezielle Probleme der Zerkleinerungstechnik von Weichstoffen
1955, 58 Seiten, 19 Abb., 2 Tabellen, DM 11,50

HEFT 137
Prof. Dr. W. Baumeister, Münster
Beiträge zur Mineralstoffernährung der Pflanzen
1955, 64 Seiten, 6 Tabellen, DM 11,80

HEFT 138
Dr. P. Hölemann und Ing. R. Hasselmann, Dortmund
Untersuchungen über die Zersetzungswärme von gasförmigem und in Azeton gelöstem Azetylen
1955, 54 Seiten, 8 Abb., 7 Tabellen, DM 10,40

HEFT 139
Prof. Dr. W. Fuchs, Aachen
Studien über die thermische Zersetzung der Kohle und die Kohlendestillatprodukte
1955, 64 Seiten, 20 Abb., 22 Tabellen, DM 11,80

HEFT 140
Dr.-Ing. G. Hausberg, Essen
Modellversuche an Zyklonen
1955, 78 Seiten, 24 Abb., DM 15,70

HEFT 141
Dr. J. van Calker und Dr. R. Wienecke, Münster
Untersuchungen über den Einfluß dritter Analysenpartner auf die spektrochemische Analyse
1955, 42 Seiten, 15 Abb., DM 9,10

HEFT 142
Dipl.-Ing. G. M. F. Wiebel, Hannover, A. Konermann und A. Ottenheym, Sennelager
Entwicklung eines Kalksandleichtsteines
1955, 38 Seiten, 4 Abb., DM 8,—

HEFT 143
Prof. Dr. F. Wever, Dr. A. Rose und Dipl.-Ing. W. Straßburg, Düsseldorf
Härtbarkeit und Umwandlungsverhalten der Stähle
1955, 50 Seiten, 12 Abb., 3 Tabellen, DM 10,70

HEFT 144
Prof. Dr. H. Wurmbach, Bonn
Steuerung von Wachstum und Formbildung
1955, 48 Seiten, 19 Abb., DM 10,30

HEFT 145
Dr. G. Hennemann, Werdohl (Westf.)
Beitrag zur Interpretation der modernen Atomphysik
1955, 34 Seiten, DM 10,—

HEFT 146
Dr.-Ing. F. Gruß, Düsseldorf
Sterilisation mit Heißluft
1955, 34 Seiten, 10 Abb., DM 7,70

HEFT 147
Dr.-Ing. W. Rudisch, Unna
Untersuchung einer drehelastischen Elektromagnet-Synchronkupplung
1955, 82 Seiten, 65 Abb., DM 17,70

HEFT 148
Prof. Dr. H. Bittel u. Dipl.-Phys. L. Storm, Münster
Untersuchungen über Widerstandsrauschen
1955, 40 Seiten, 5 Abb., DM 8,40

HEFT 149
Dipl.-Ing. K. Konopicky und Dipl.-Chem. P. Kampa, Bonn
I. Beitrag zur flammenphotometrischen Bestimmung des Calciums.
Dr.-Ing. K. Konopicky, Bonn
II. Die Wanderung von Schlackenbestandteilen in feuerfesten Baustoffen
1955, 54 Seiten, 10 Abb., 5 Tabellen, DM 11,—

HEFT 150
Prof. Dr.-Ing. O. Kienzle und Dipl.-Ing. W. Timmerbeil, Hannover
Das Durchziehen enger Kragen an ebenen Fein- und Mittelblechen
1955, 52 Seiten, 20 Abb., 8 Tabellen, DM 11,30

HEFT 151
Dipl.-Ing. P. Karabasch, Aachen
Feststellung des optimalen Gasgehaltes von Bronzen zur Erzielung druckdichter Gußstücke
1956, 64 Seiten, 31 Abb., 5 Tabellen, DM 13,90

HEFT 152
Dipl.-Ing. G. Müller, Köln
Ermittlung der Laufeigenschaften (Vergießbarkeit) von Bronze und Rotguß mittels der Schneider-Gießspirale
1955, 60 Seiten, 33 Abb., DM 13,30

HEFT 153
Prof. Dr. F. Wever, Dr.-Ing. W. A. Fischer und Dipl.-Ing. J. Engelbrecht, Düsseldorf
I. Die Reduktion sauerstoffhaltiger Eisenschmelzen im Hochvakuum mit Wasserstoff und Kohlenstoff
II. Einfluß geringer Sauerstoffgehalte auf das Gefüge und Alterungsverhalten von Reineisen
1955, 54 Seiten, 15 Abb., 2 Tabellen, DM 12,40

HEFT 154
Prof. Dr.-Ing. P. Bardenheuer und Dr.-Ing. W. A. Fischer, Düsseldorf
Die Verschlackung von Titan aus Stahlschmelzen im sauren und basischen Hochfrequenzofen unter verschiedenen Schlacken
1955, 36 Seiten, 10 Abb., 1 Tabelle, DM 7,95

HEFT 155
Dipl.-Phys. K. H. Schirmer, München
Die auf Grau abgestimmte Farbwiedergabe im Dreifarbenbuchdruck
1955, 46 Seiten, 17 Abb., 2 Farbtafeln, DM 10,—

HEFT 156
Dr.-Ing. B. von Borries und Mitarbeiter, Düsseldorf
Die Entwicklung regelbarer permanentmagnetischer Elektronenlinsen hoher Brechkraft und eines mit ihnen ausgerüsteten Elektronenmikroskopes neuer Bauart
1956, 102 Seiten, 52 Abb., DM 22,55

HEFT 157
Dr. W. Jawtusch, Dr. G. Schuster und Prof. Dr.-Ing. R. Jaeckel, Bonn
Untersuchungen über die Stoßvorgänge zwischen neutralen Atomen und Molekülen
1955, 48 Seiten, 15 Abb., 3 Tabellen, DM 10,50

HEFT 158
Dipl.-Ing. W. Rosenkranz, Meinerzhagen
Ein Beitrag zum Problem der Spannungskorrosion bei Preßprofilen und Preßteilen aus Aluminium-Legierungen
1956, 112 Seiten, 61 Abb., 5 Tabellen, DM 27,40

HEFT 159
Dr.-Ing. O. Viertel und O. Oldenroth, Krefeld
Das Bleichen von Weißwäsche mit Wasserstoffsuperoxyd bzw. Natriumhypochlorit beim maschinellen Waschen
1955, 54 Seiten, 23 Abb., 2 Tabellen, DM 11,45

HEFT 160
Prof. Dr. W. Klemm, Münster
Über neue Sauerstoff- und Fluor-haltige Komplexe
1955, 50 Seiten, 13 Abb., 7 Tabellen, DM 10,80

HEFT 161
Prof. Dr. W. Weltzien und Dr. G. Hauschild, Krefeld
Über Silikone und ihre Anwendung in der Textilveredlung
1955, 162 Seiten, 22 Abb., 10 Tabellen, DM 27,—

HEFT 162
Prof. Dr. F. Wever, Prof. Dr. A. Kochendörfer und Dr.-Ing. Chr. Rohrbach, Düsseldorf
Kennzeichnung der Sprödbruchneigung von Stählen durch Messung der Fließspannung, Reißspannung und Brucheinschnürung an dreiachsig beanspruchten Proben
1955, 58 Seiten, 26 Abb., DM 13,—

HEFT 163
Dipl.-Ing. W. Rohs und Text.-Ing. H. Griese, Bielefeld
Untersuchungsarbeiten zur Verbesserung des Leinenwebstuhls III
1955, 80 Seiten, 15 Abb., 18 Tabellen, DM 15,80

HEFT 164
Dr.-Ing. H. Schmachtenberg, Köln
Neuartige Prüfeinrichtungen für Kraftfahrzeuge
1955, 44 Seiten, 23 Abb., DM 9,60

HEFT 165
Dr.-Ing. W. Wilhelm, Aachen
Instationäre Gasströmung im Auspuffsystem eines Zweitaktmotors
1955, 62 Seiten, 31 Abb., 8 Tabellen, DM 13,60

HEFT 166
Prof. Dr. M. v. Stackelberg, Dr. H. Heindze, Dr. H. Hübschke und Dr. K. H. Frangen, Bonn
Kolloidchemische Untersuchungen
1955, 106 Seiten, 8 Abb., 13 Tabellen, DM 21,25

HEFT 167
Prof. Dr.-Ing. F. Schuster, Essen
I. Über die Heißkarburierung von Brenngasen mit Ölen und Teeren
II. Die Strahlungsvorgänge in brennstoffbeheizten Öfen bei verschiedenen Verbrennungsatmosphären
1955, 38 Seiten, 8 Abb., DM 8,30

HEFT 168
Prof. Dr.-Ing. F. Schuster, Essen
I. Luftvorwärmung an Gasfeuerungen
II. Heizwerthöhe von Brenngasen und Wirkungsgrad sowie Gasverbrauch bei der Gasverwendung
III. Sauerstoffangereicherte Luft und feuerungstechnische Kenngrößen von Brenngasen
1955, 60 Seiten, 18 Abb., DM 12,50

HEFT 169
Forschungsinstitut für Pigmente und Lacke, Stuttgart
Arbeiten über die Bestimmung des Gebrauchswertes von Lackfilmen durch physikalische Prüfungen
1955, 70 Seiten, 23 Abb., 4 Tabellen, DM 15,—

HEFT 170
Prof. Dr. F. Wever, Dr. A. Rose und Dipl.-Ing L. Rademacher, Düsseldorf
Anwendung der Umwandlungsschaubilder auf Fragen der Werkstoffauswahl beim Schweißen und Flammhärten
1955, 64 Seiten, 25 Abb., DM 13,70

HEFT 171
Wäschereiforschung Krefeld
Untersuchung der Wäscheentwässerung mit Hilfe von Zentrifugen und Pressen
1955, 42 Seiten, 16 Abb., 4 Tabellen, DM 9,70

HEFT 172
Dipl.-Ing. W. Robs, Dr.-Ing. G. Satlow und Text.-Ing. G. Heller, Bielefeld
Trocknung von Hanfgarnen. Kreuzspultrocknung
1955, 60 Seiten, 7 Abb., 4 Tabellen, DM 10,30

HEFT 173
Prof. Dr. R. Hosemann und Dipl.-Phys. G. Schoknecht, Berlin, vorgelegt von Prof. Dr. W. Kast, Krefeld
Lichtoptische Herstellung und Diskussion der Faltungsquadrate parakristalliner Gitter
1956, 108 Seiten, 63 Abb., 6 Tabellen, DM 24,70

HEFT 174
Prof. Dr. W. von Fragstein, Dr. J. Meingast und H. Hoch, Köln
Herstellung von Solen einheitlicher Teilchengröße und Ermittlung ihrer optischen Eigenschaften
1955, 78 Seiten, 80 Abb., 4 Tabellen, DM 18,25

HEFT 175
Dr.-Ing. H. Zeller, Aachen
Beitrag zur eindimensionalen stationären und nichtstationären Gasströmung mit Reibung und Wärmeleitung, insbesondere in Rohren mit unstetigen Querschnittsänderungen.
1956, 138 Seiten, 56 Abb., DM 29,30

HEFT 176
Dipl.-Ing. H. Schöberl, Duisburg
Über die Methoden zur Ermittlung der Verbrennungstemperatur von Brennstoffen und ein Vorschlag zu ihrer Verbesserung
1955, 30 Seiten, 3 Abb., DM 6,50

HEFT 177
Dipl.-Ing. H. Stüdemann, Solingen, und Dr.-Ing. W. Müchler, Essen
Entwicklung eines Verfahrens zur zahlenmäßigen Bestimmung der Schneideigenschaften von Messerklingen
1956, 104 Seiten, 68 Abb., 4 Tabellen, DM 22,20

HEFT 178
Prof. Dr. M. von Stackelberg u. Dr. W. Hans, Bonn
Untersuchungen zur Ausarbeitung und Verbesserung von polarographischen Analysenmethoden
1955, 46 Seiten, 14 Abb., DM 10,50

HEFT 179
Dipl.-Ing. H. F. Reineke, Bochum
Entwicklungsarbeiten auf dem Gebiete der Meß- und Regeltechnik
1955, 46 Seiten, 10 Abb., DM 10,—

HEFT 180
Dr.-Ing. W. Piepenburg, Dipl.-Ing. B. Bühling und Bauing. J. Behnke, Köln
Putzarbeiten im Hochbau und Versuche mit aktiviertem Mörtel und mechanischem Mörtelauftrag
1955, 116 Seiten, 31 Abb., 68 Tabellen, DM 23,—

HEFT 181
Prof. Dr. W. Franz, Münster
Theorie der elektrischen Leitvorgänge in Halbleitern und isolierenden Festkörpern bei hohen elektrischen Feldern
1955, 28 Seiten, 2 Abb., 1 Tabelle, DM 6,20

HEFT 182
Dr.-Ing. P. Schenk u. Dr. K. Osterloh, Düsseldorf
Katalytisch-thermische Spaltung von gasförmigen und flüssigen Kohlenwasserstoffen zur Spitzengaserzeugung
1955, 50 Seiten, 11 Abb., 11 Tabellen, DM 10,90

HEFT 183
Dr. W. Bornheim, Köln
Entwicklungsarbeiten an Flaschen- und Ampullen-Behandlungsmaschinen für die pharmazeutische Industrie
1956, 48 Seiten, 24 Abb., DM 11,70

HEFT 184
Dr.-Ing. E. Printz, Kettwig
Vollhydraulische Parallel-Kupplung für Ackerschlepper
1955, 32 Seiten, 4 Abb., DM 7,80

HEFT 185
Dipl.-Ing. W. Robs und Text.-Ing. G. Heller, Bielefeld
Studien an einem neuzeitlichen Kreuzspultrockner für Bastfasergarne mit Wiederbefeuchtungszone
1955, 52 Seiten, 9 Abb., 3 Tabellen, DM 10,70

HEFT 186
Dr. E. Wedekind, Krefeld
Untersuchungen zur Arbeitsbestgestaltung bei der Fertigstellung von Oberhemden in gewerblichen Wäschereien
1955, 124 Seiten, 28 Abb., 6 Tabellen, 2 Falttaf., DM 12,—

HEFT 187
Dipl.-Ing. F. Göttgens, Essen
Über die Eigenarten der Bimetall-, Thermo- und Flammenionisationssicherungsmethode in ihrer Anwendung auf Zündsicherungen
1955, 40 Seiten, 6 Abb., 4 Tabellen, DM 8,40

HEFT 188
W. Kinnebrock, Langenberg (Rhld.)
Der Einfluß des Austausches gleicher Gaskochbrenner bzw. Gaskochbrennerteile auf den Wirkungsgrad und insbesondere auf den CO-Gehalt der Verbrennungsgase
1955, 42 Seiten, 7 Tabellen, DM 8,70

HEFT 189
Fa. E. Leybold's Nachfolger, Köln
I. Ausgewähltes Kapitel aus der Vakuumtechnik
II. Zum Verlust anorganisch-nichtflüchtiger Substanzen während der Gefriertrocknung
1955, 52 Seiten, 16 Abb., 3 Tabellen, DM 11,20

HEFT 190
Prof. Dr. A. Neuhaus, Prof. Dr. O. Schmitz-DuMont und Dipl.-Chem. H. Reckhard, Bonn
Zur Kenntnis der Alkalititanate
1955, 60 Seiten, 13 Abb., 1 Tabelle, DM 12,20

HEFT 191
Dr. H. Söhngen, Darmstadt
Schwingungsverhalten eines Schaufelkranzes im Vakuum
1955, 36 Seiten, 7 Abb., DM 7,80

HEFT 192
Dipl.-Phys. E. M. Schneider, München
Kohlebogenlampen für Aufnahme und Kopie
1955, 48 Seiten, 21 Abb., 3 Tabellen, DM 10,60

HEFT 193
Prof. Dr. O. Schmitz-DuMont, Bonn
Untersuchungen über neue Pigmentfarbstoffe
1956, 50 Seiten, 16 Abb., 8 Tabellen, DM 11,20

HEFT 194
Dr. K. Hecht, Köln
Entwicklung neuartiger physikalischer Unterrichtsgeräte
1955, 42 Seiten, 16 Abb., DM 9,90

HEFT 195
Dr.-Ing. E. Rößger, Köln
Gedanken über einen neuen deutschen Luftverkehr
1955, 342 Seiten, 29 Abb., 122 Tabellen, DM 50,—

HEFT 196
Dipl.-Ing. W. Robs und Text.-Ing. H. Griese, Bielefeld
Auswirkungen von Garnfehlern bei der Verarbeitung von Leinengarnen
1955, 36 Seiten, 3 Abb., 6 Tabellen, DM 7,80

HEFT 197
Dr. E. Wedekind, Krefeld
Untersuchungen zur Bestimmung der optimalen Arbeitsplatzgröße bei Mehrstuhlarbeit in der Weberei
1955, 92 Seiten, 34 Abb., 18 Tabellen, DM 18,50

HEFT 198
Prof. Dr. J. Weissinger, Karlsruhe
Zur Aerodynamik des Ringflügels. Die Druckverteilung dünner, fast drehsymmetrischer Flügel in Unterschallströmung
1955, 42 Seiten, 5 Abb., DM 9,—

HEFT 199
Textilforschungsanstalt Krefeld
Die Messung von Gewebetemperaturen mittels Temperaturstrahlung
1955, 50 Seiten, 12 Abb., DM 10,90

HEFT 200
R. Seipenbusch, Langenberg (Rhld.)
Spitzengas durch Zusatz von Flüssiggas-Wassergas- und Flüssiggas-Generatorgas-Gemischen zu Stadtgas
1955, 48 Seiten, 21 Tabellen, DM 10,35

HEFT 201
Dr.-Ing. E. W. Pleines, Frankfurt/Main
Die Sicherheit im Luftverkehr
1956, 194 Seiten, 39 Abb., 19 Tabellen, DM 39,50

HEFT 202
Dipl.-Ing. D. Fiecke, Stuttgart/Zuffenhausen
Die Bestimmung der Flugzeugpolaren für Entwurfszwecke. I Teil: Unterlagen
1956, 216 Seiten, 171 Diagr., DM 59,70

HEFT 203
Dr. G. Wandel, Bonn
Uferbewachsung und Lebendverbauung an den Nordwestdeutschen Kanälen und ihren Zuflüssen sowie an der Ruhr
1956, 122 Seiten, 88 Abb., DM 25,70

HEFT 204
Dipl.-Ing. B. Naendorf, Langenberg (Rhld.)
Bestimmung der Brenneigenschaften und des Brennverhaltens verschiedener Gasarten und Einfluß verschiedener Düsengestaltung
1955, 32 Seiten, 10 Abb., DM 7,10

HEFT 205
Dr. C. Schaarwächter, Düsseldorf
Über plastische Kupfer-Eisen-Phosphor-Legierungen
1936, 36 Seiten, 10 Abb., 10 Tabellen, DM 8,30

HEFT 206
Dr. P. Hölemann, Ing. R. Hasselmann und Ing. G. Dix, Dortmund
Untersuchungen über die Vorgänge bei der Zersetzung von in Azeton gelöstem Azetylen
1956, 74 Seiten, 7 Abb., 7 Tabellen, DM 15,55

HEFT 207
Prof. Dr.-Ing. H. Opitz, Dipl.-Ing. K. H. Fröhlich und Dipl.-Ing. H. Siebel, Aachen
Richtwerte für das Fräsen von unlegierten und legierten Baustählen mit Hartmetall. I. Teil
1956, 48 Seiten, 27 Abb., 3 Tabellen, DM 11,10

HEFT 208
Prof. Dr.-Ing. H. Müller, Essen
Untersuchung von Elektrowärmegeräten für Laienbedienung hinsichtlich Sicherheit und Gebrauchsfähigkeit. I. Untersuchungen an Kochplatten
1956, 100 Seiten, 76 Abb., 7 Tabellen, DM 22,70

HEFT 209
Dr. K. Bunge, Leverkusen
Materialabbau in Funkenentladungen. Untersuchungen an Zinkkathoden
1956, 54 Seiten, 10 Abb., 5 Tabellen, DM 11,40

HEFT 210
Dr. W. Porschen und Prof. Dr. W. Riezler, Bonn
Langlebige Alphaaktivitäten bei natürlichen Elementen
1955, 40 Seiten, 5 Abb., 4 Tabellen, DM 8,80

HEFT 211
Prof. Dipl.-Ing. W. Sturtzel und Dr.-Ing. W. Graff, Duisburg
Die Versuchsanstalt für Binnenschiffbau, Duisburg
1956, 48 Seiten, 22 Abb., 11,—

HEFT 212
Dipl.-Ing. H. Spodig, Selm
Untersuchung zur Anwendung der Dauermagnete in der Technik
1955, 44 Seiten, 25 Abb., DM 9,80

HEFT 213
Dipl.-Ing. K. F. Rittinghaus, Aachen
Zusammenstellung eines Meßwagens für Bau- und Raumakustik
1957, 96 Seiten 17 Abb., 7 Tabellen DM 19,80

HEFT 214
Dr.-Ing. J. Endres, München
Berechnung der optimalen Leistungen, Kraftstoffverbräuche und Wirkungsgrade von Einkreis-Turbolader-Strahltriebwerken am Boden und in der Höhe bei Fluggeschwindigkeiten von 0—2000 km/h
1956, 72 Seiten, 18 Abb., 8 Tabellen, DM 15,40

HEFT 215
Prof. Dr.-Ing. H. Opitz, Dr.-Ing. G. Weber, Aachen
Einfluß der Wärmebehandlung von Baustählen auf Spanentstehung, Schnittkraft- und Standzeitverhalten
1956, 80 Seiten, 30 Abb., 10 Tabellen, DM 18,40

HEFT 216
Dr. E. Kloth, Köln
Untersuchungen über die Ausbreitung kurzer Schallimpulse bei der Materialprüfung mit Ultraschall
1956, 90 Seiten, 60 Abb., 4 Tabellen, DM 19,40

HEFT 217
Rationalisierungskuratorium der Deutschen Wirtschaft (RKW), Frankfurt/Main
Typenvielzahl bei Haushaltgeräten und Möglichkeiten einer Beschränkung
1956, 328 Seiten, 2 Abb., 181 Tabellen, DM 49,50

HEFT 218
Dr. F. Keune, Aachen
Bericht über eine Theorie der Strömung um Rotationskörper ohne Anstellung bei Machzahl Eins
1955, 40 Seiten, 8 Abb., 5 Formelblätter, DM 8,80

HEFT 219
Prof. Dr. W. Fuchs, Aachen
Untersuchungen zur Holzabfallverwertung und zur Chemie des Lignins
1955, 54 Seiten, 11 Abb., 15 Tabellen DM 11,40

HEFT 220
Prof. Dr. W. Fuchs, Aachen
Die Entwicklung neuer Regel- und Kontroll-Apparate zur coulometrischen Analyse
1956, 76 Seiten, 17 Abb. 23 Tabellen, DM 15,50

HEFT 221
Dr. W. Meyer-Eppler, Bonn
Experimentelle Untersuchungen zum Mechanismus von Stimme und Gehör in der lautsprachlichen Kommunikation *1955, 56 Seiten, 24 Abb., DM 13,45*

HEFT 222
Dr. L. Köllner, Münster, und Dipl.-Volkswirt M. Kaiser, Bochum
Die internationale Wettbewerbsfähigkeit der westdeutschen Wollindustrie *1956, 214 Seiten, DM 39,50*

HEFT 223
Dr.-Ing. K. Alberti und Dr. F. Schwarz, Köln
Über das Problem Hartbrand-Weichbrand
1956, 54 Seiten, 25 Abb., 14 Tabellen, DM 12,10

HEFT 224
Dipl.-Ing. H. Stüdemann und Ing. R. Beu, Solingen
Verfahren zur Prüfung der Korrosionsbeständigkeit von Messerklingen aus rostfreiem Stahl
1956, 82 Seiten, 28 Abb., DM 16,90

HEFT 225
Dr.-Ing. E. Barz, Remscheid
Der Spannungszustand von Gattersägeblättern
1956, 74 Seiten, 54 Abb., DM 16,50

HEFT 226
Technisch-wissenschaftliches Büro für die Bastfaserindustrie, Bielefeld
Untersuchungen zur Verbesserung des Leinenwebstuhles IV
Die Wirkung verschiedener Kettbaumbremsen auf die Verwebung von Leinengarnen
1956, 64 Seiten, 9 Abb., 4 Tabellen, DM 13,50

HEFT 227
Prof. Dr. F. Wever, Düsseldorf und Dr. W. Wepner, Köln
Untersuchung der Alterungsneigung von weichen unlegierten Stählen durch Härteprüfung bei Temperaturen bis 300 Grad C
1956, 34 Seiten, 20 Abb., 3 Tabellen, DM 7,95

HEFT 228
Prof. Dr. F. Wever, Dr. W. Koch, Düsseldorf, und Dr. B. A. Steinkopf, Dortmund
Spektrochemische Grundlagen der Analyse von Gemischen aus Kohlenmonoxyd, Wasserstoff und Stickstoff *1956, 42 Seiten, 18 Abb., 1 Tabelle, DM 9,90*

HEFT 229
Prof. Dr. F. Wever, Dr. W. Koch und Dr.-Ing. H. Malissa, Düsseldorf
Über die Anwendung disubstituierter Dithiocarbamate der analytischen Chemie
1956, 44 Seiten, 30 Abb., 5 Tabellen, DM 10,50

HEFT 230
Prof. Dr. F. Wever, Düsseldorf, und Dr. W. Wepner, Köln
Bestimmung kleiner Kohlenstoffgehalte im Alpha-Eisen durch Dämpfungsmessung
1956, 34 Seiten, 5 Abb., 2 Tabellen, DM 7,70

HEFT 231
Dr.-Ing. W. Küch, Dortmund
Über die Wechselwirkung zwischen Holzschutzbehandlung und Verleimung
1956, 48 Seiten, 10 Abb., 8 Tabellen, DM 10,40

HEFT 232
Prof. Dr.-Ing. O. Kienzle, Hannover, und Dr.-Ing. H. Münnich, Schweinfurt
Feststellung der Spannungen und Dehnungen und Bruchdrehzahlen der unter Fliehkraft und Bearbeitungskraft beanspruchten Schleifkörper
in Vorbereitung

HEFT 233
Dr. H. Haase, Hamburg
Infrarot-Bibliographie *1956, 90 Seiten, DM 17,80*

HEFT 234
Dr.-Ing. K. G. Speith und Dr.-Ing. A. Bungeroth, Duisburg
Versuche zur Steigerung des Kokillen-Schluckvermögens beim Stranggießen von Stahl
1956, 26 Seiten, 5 Abb., DM 6,15

HEFT 235
Prof. Dr.-Ing. K. Leist und Dipl.-Ing. W. Dettmering, Aachen
Turbinenschaufeln aus Kunststoff für Kaltluftversuchsanlagen
1956, 46 Seiten, 43 Abb., 3 Tabellen, DM 12,30

HEFT 236
Dr.-Ing. O. Viertel und S. Lucas, Krefeld
Ergebnisse einer Hausfrauenbefragung über Wascheinrichtungen und Waschmethoden in städtischen Haushaltungen
1956, 34 Seiten, 4 Abb., DM 7,60

HEFT 237
Dr. P. Endler und Dr. H. Ludes, Köln
Bericht über eine Studienreise zur Orientierung der heutigen Behandlung der Lungentuberkulose in den Vereinigten Staaten von Nordamerika
1956, 32 Seiten, DM 7,10

HEFT 238
Institut für textile Meßtechnik, M.-Gladbach, e. V.
Untersuchungen der Verzugsvorgänge an den Streckwerken verschiedener Spinnereimaschinen. 3. Bericht: Theoretische Betrachtungen über den Einfluß schlagender Zylinder und Druckrollen
1956, 66 Seiten, 21 Abb., DM 14,10

HEFT 239
Prof. Dr.-Ing. K. Leist, Dipl.-Ing. H. Scheele, Aachen, und Dipl.-Ing. F. H. Flottmann, Herne
Versuche an einem neuartigen luftgekühlten Hochleistungs-Kolbenkompressor
1956, 72 Seiten, 19 Abb., 7 Tabellen, DM 14,40

HEFT 240
Prof. Dr.-Ing. K. Leist und Dipl.-Ing. H. Scheele, Aachen
Temperaturmessungen an einem einstufigen luftgekühlten 4-Zylinder-Kolbenkompressor mit Kühlgebläse *1956, 74 Seiten, 36 Abb., DM 14,80*

HEFT 241
Prof. Dr.-Ing. K. Leist und Dipl.-Ing. M. Pötke, Aachen
Leistungsversuche an einem Kühlluftgebläse
1956, 60 Seiten, 13 Abb., DM 11,70

HEFT 242
Prof. Dr.-Ing. K. Leist und Dipl.-Ing. K. Graf, Aachen
Straßenfahrzeuge mit Gasturbinenantrieb
1956, 82 Seiten, 63 Abb., DM 17,20

HEFT 243
Prof. Dr.-Ing. K. Leist und Dipl.-Ing. S. Förster, Aachen
Die französische Kleingasturbine Artouste — 1. Teil
1956, 80 Seiten, 41 Abb., DM 15,85

HEFT 244
Prof. Dr. F. Wever, Dr. W. Koch und Dr. S. Eckhard, Düsseldorf
Erfahrungen mit der spektrochemischen Analyse von Gefügebestandteilen des Stahles
1956, 32 Seiten, 8 Abb., 2 Tabellen, DM 7,80

HEFT 245
Prof. Dr.-Ing. habil. K. Krekeler, Aachen
Das Verbinden von Metallen durch Kunstharzkleber. Teil I: Eigenschaften und Verwendung der Metallklebstoffe *1956, 48 Seiten, 8 Abb., DM 10,25*

HEFT 246
Prof. Dr.-Ing. habil. K. Krekeler, Aachen
Das Verbinden von Metallen durch Kunstharzkleber. Teil II: Untersuchungen an geklebten Leichtmetall-Verbindungen *1956, 80 Seiten, 40 Abb., DM 17,50*

HEFT 247
Dr. H. Söhngen, Darmstadt
Strömung vor einem Überschall-Laufrad
1956, 26 Seiten, 4 Abb., DM 7,60

HEFT 248
Rheinische Aktiengesellschaft für Braunkohlenbergbau und Brikettfabrikation, Köln
Untersuchung der Bindemitteleigenschaften von Braunkohlenfilteraschen
1956, 176 Seiten, 26 Abb., 30 Tabellen, DM 35,60

HEFT 249
Dr. M.-E. Meffert, Essen
Weitere Kulturversuche Scenedesmus obliquus
1956, 36 Seiten, 5 Abb., 10 Tabellen, DM 8,—

HEFT 250
Dr. F. Schwarz und Dr.-Ing. K. Alberti, Köln
Entwicklung von Untersuchungsverfahren zur Gütebeurteilung von Industriekalken
1956, 36 Seiten, 9 Abb., DM 16,50

HEFT 251
Prof. Dr. H. Bittel, Münster
Zur Statistik der ferromagnetischen Elementarvorgänge und ihren Einfluß auf das Barkhausenrauschen
1956, 52 Seiten, 14 Abb., DM 11,65

HEFT 252
Dipl.-Ing. H. Frings, Geilenkirchen
Die Wirkung abfallender Wetterführung auf Wettertemperatur, Grubengasgehalt und Staubbildung
1957, 126 Seiten, 23 Abb., 13 Falttafeln, 38 Tab., DM 35,70

HEFT 253
Dipl.-Ing. S. Schirmanski, Berghausen
Stand und Auswertung der Forschungsarbeiten über Temperatur- und Feuchtigkeitsgrenzen bei der bergmännischen Arbeit
1957, 80 Seiten, 24 Abb., 12 Tab., DM 17,10

HEFT 254
Prof. Dr. R. Danneel, Bonn
Quantitative Untersuchungen über die Entwicklung des Ehrlich-Ascitestumors bei Inzuchtmäusen
1956, 52 Seiten, 17 Tabellen, DM 11,75

HEFT 255
Ing. B. v. Schlippe, Bad Nauheim
Strömung von Flüssigkeiten mit temperaturabhängiger Zähigkeit (Kühlung von Öfen)
1956, 54 Seiten, 12 Abb., 4 Tabellen, DM 11,70

HEFT 256
Prof. Dr. C. Schmieden und Dipl.-Math. K. H. Müller, Darmstadt
Die Strömung einer Quellstrecke im Halbraum — eine strenge Lösung der Navier-Stokes-Gleichungen
1956, 40 Seiten, 9 Abb., DM 8,80

HEFT 257
Prof. Dr. G. Lehmann und Dr. J. Tamm, Dortmund
Die Beeinflussung vegetativer Funktionen des Menschen durch Geräusche
1956, 48 Seiten, 25 Abb., 3 Tabellen, DM 11,20

HEFT 258
Dr. H. Paul, Linz (Rhein), und Prof. Dr. O. Graf, Dortmund
Zur Frage der Unfälle im Bergbau
1956, 52 Seiten, 9 Abb., 22 Tabellen, DM 11,20

HEFT 259
Prof. D. W. Linke, Aachen
Strömungsvorgänge in künstlich belüfteten Räumen
1956, 52 Seiten, 37 Abb., 1 Tabelle, DM 11,80

HEFT 260
Prof. Dr. W. Kast, Freiburg (Br.), Prof. Dr. A. H. Stuart und Dipl.-Phys. H. G. Fendler, Hannover
Lichtzerstreuungsmessungen an Lösungen hochpolymerer Stoffe
1956, 70 Seiten, 25 Abb., 5 Tabellen, DM 15,60

HEFT 261
Prof. Dr. W. Kast, Freiburg (Br.)
Feinstruktur-Untersuchungen an künstlichen Zellulosefasern verschiedener Herstellungsverfahren. Teil II: Der Kristallisationszustand
1956, 80 Seiten, 27 Abb., 11 Tabellen, DM 17,20

HEFT 262
Dr.-Ing. W. Batel, Aachen
Untersuchungen zur Absiebung feuchter, feinkörniger Haufwerke auf Schwingsieben
1956, 100 Seiten, 45 Abb., 5 Tabellen, DM 23,40

HEFT 263
Prof. Dr. H. Lange und Dipl.-Phys. R. Kohlhaas, Köln
Über die Wärmeleitfähigkeit von Stählen bei hohen Temperaturen: Teil I: Literaturbericht
1956, 48 Seiten, 26 Abb., 8 Tabellen, DM 10,70

HEFT 264
Prof. Dr. W. Weizel, Bonn
Durch schnelle Funkenzusammenbrüche ausgelöste Signale auf einer Leitung
1956, 26 Seiten, 4 Abb., 3 Tabellen, DM 6,10

HEFT 265
Prof. Dr. F. Micheel und Dr. R. Engel, Münster
Eine Apparatur zur elektrophoretischen Trennung von Stoffgemischen
1956, 38 Seiten, 21 Abb., DM 9,20

HEFT 266
Fliesen-Beratungsstelle Bad Godesberg-Mehlem
Güteeigenschaften keramischer Wand- und Bodenfliesen und deren Prüfmethoden
1956, 32 Seiten, DM 7,10

HEFT 267
Prof. Dr. W. Weizel und B. Brandt, Bonn
Zur Stabilität stromstarker Glimmentladungen
1956, 36 Seiten, 7 Abb., DM 8,40

WESTDEUTSCHER VERLAG · KÖLN UND OPLADEN

HEFT 268
Prof. Dr.-Ing. G. Vogelpohl, Göttingen
Über die Tragfähigkeit von Gleitlagern und ihre Berechnung
1956, 76 Seiten, 24 Abb., 7 Tabellen, DM 16,85

HEFT 269
Markscheider R. Bals, Bochum
Eignung des Gebirgsankerausbaus zur Erleichterung des Streckenvortriebs im Steinkohlenbergbau
1956, 84 Seiten, 41 Abb., DM 18,75

HEFT 270
Dr. H. Krebs und Mitarbeiter, Bonn
Die Trennung von Racematen auf chromatographischem Wege
1956, 62 Seiten, 18 Tabellen, DM 12,95

HEFT 271
Prof. Dr.-Ing. H. Opitz und Dipl.-Ing. H. Axer, Aachen
Beeinflussung des Verschleißverhaltens bei spanenden Werkzeugen durch flüssige und gasförmige Kühlmittel und elektrische Maßnahmen
1956, 46 Seiten, 28 Abb., DM 10,70

HEFT 272
Prof. Dr. W. Fuchs und Dr. H. Dresia, Aachen
Untersuchungen über die Schnellverbrennung und Schnellvergasung fester Brennstoffe
1956, 56 Seiten, 14 Abb., 3 Tabellen, DM 11,90

HEFT 273
Fa. K. W. Tacke G.m.b.H., Wuppertal-Barmen
Erfahrungen beim Verspinnen von Perlonfasern und bei der Herstellung von Trikotagen aus gesponnenem Perlon
1956, 36 Seiten, DM 7,90

HEFT 274
Prof. Dr.-Ing. K. Krekeler, Aachen
Qualitative Untersuchungen bei Verbindungsschweißungen mittels Lichtbogenschweißautomaten unter Verwendung von Blankdraht und Zugabe von ferromagnetischen Pulver als Umhüllung
1956, 68 Seiten, 40 Abb., 8 Tabellen, DM 15,45

HEFT 275
Prof. Dr.-Ing. habil. K. Krekeler, Aachen, und Dipl.-Ing. H. Verhoeven, Aachen
Quantitative Untersuchungen von Punktschweißverbindungen an Tiefzieh- und Aluminiumblechen, die nach dem Argonarc-Punktschweißverfahren hergestellt werden
1956, 64 Seiten, 45 Abb., DM 14,60

HEFT 276
Fa. E. Haage, Mülheim (Ruhr)
Entwicklungsarbeiten im Apparatebau für Laboratorien
1956, 48 Seiten, 18 Abb., DM 10,50

HEFT 277
Dr.-Ing. W. Müchler, Essen
Untersuchung und zahlenmäßige Bestimmung der Schneideigenschaften von Messern mit besonderer Berücksichtigung rostfreier Messerstähle
1956, 60 Seiten, 27 Abb., 5 Tabellen, DM 13,20

HEFT 278
Dipl.-Ing. J. Stelter und Dipl.-Ing. H. Kickert, Aachen
I. Sichtbarmachung von Ultraschallfeldern unter Verwendung photographischer Emulsionsschichten
II. Methode zur Bestimmung der wirklichen Temperaturverhältnisse in Flüssigkeiten während der Beschallung (Nach einer Diplom-Arbeit von H. Schnitzler)
1956, 54 Seiten, 24 Abb., DM 12,75

HEFT 279
Dr. F. Keune, Aachen
Der gewölbte und verwundene Tragflügel ohne Dicke in Schallnähe
1956, 42 Seiten, 15 Abb., DM 9,25

HEFT 280
Dipl.-Ing. J. Stelter und Dipl.-Ing. E. Pfende, Aachen
Über Störerscheinungen bei Schallgeschwindigkeitsmessungen mittels der Interferometermethode
1956, 42 Seiten, 13 Abb., DM 9,60

HEFT 281
Prof. Dr.-Ing. K. Lürenbaum, Aachen
Der Meßwagen des Instituts für Maschinen-Dynamik der Deutschen Versuchsanstalt für Luftfahrt, Aachen
1956, 34 Seiten, 17 Abb., DM 8,60

HEFT 282
Bergrat a. D. Scherer, Bochum
Das B. T.-Schwelverfahren und seine Anwendung auf der Anlage Marienau
1956, 44 Seiten, 7 Abb., DM 9,60

HEFT 283
Prof. Dr. F. Wever und Dr.-Ing. W. Lueg, Düsseldorf
Warmstauchversuche zur Ermittlung der Formänderungsfestigkeit von Gesenkschmiede-Stählen
1956, 44 Seiten, 19 Abb., DM 9,90

Heft 284
Prof. Dr. F. Wever, Düsseldorf, Dr.-Ing. H. J. Wiester, Essen, Dr.-Ing. F. W. Straßburg, Duisburg, Prof. Dr.-Ing. H. Opitz, Aachen, und Dr.-Ing. K. H. Fröhlich, Köln
Einfluß des Gefüges auf die Zerspanbarkeit von Einsatz- und Vergütungsstählen
1957, 88 Seiten, 126 Abb., 11 Tab., DM 22,45

HEFT 285
Prof. Dr.-Ing. O. Kienzle, Dr.-Ing. K. Lange, Hannover, und Dipl.-Ing. H. Meinert, Osterode
Einfluß der Oberfläche auf das Verschleißverhalten von Schmiedegesenken
1956, 62 Seiten, 29 Abb., 8 Tabellen, DM 14,60

HEFT 286
Dr.-Ing. K. Lange, Hannover, Dipl.-Ing. H. Meinert, Osterode, unter Mitarbeit von Dr.-Ing. H. Arend, Mülheim (Ruhr)
Verschleißverhalten hartverchromter Schmiedegesenke
1956, 74 Seiten, 53 Abb., 6 Tabellen, DM 17,65

HEFT 287
Prof. Dr.-Ing. habil. K. Krekeler, Aachen
Änderungen der mechanischen Eigenschaftswerte thermoplastischer Kunststoffe bei Beanspruchung in verschiedenen Medien
1956, 62 Seiten, 23 Abb., 5 Tabellen, DM 13,70

HEFT 288
Dr. K. Brücker-Steinkuhl, Düsseldorf
Anwendung mathematisch-statischer Verfahren in der Industrie
1956, 103 Seiten, 27 Abb., 14 Tabellen, DM 24,20

HEFT 289
Prof. Dr.-Ing. H. Winterhager, Aachen
Kombinierter Widerstands- und Lichtbogen-Vakuumofen zur Verarbeitung von Titanschwamm
Prof. Dr. Dr. h. c. R. Schwarz, Aachen
Erforschung neuer Wege zur Darstellung von Titanmetall
1957, 42 Seiten, 18 Abb., DM 9,70

HEFT 290
Dr. D. Horstmann, Düsseldorf
I. Der verstärkte Angriff des Zinks auf Eisen im Temperaturgebiet um 500° C
II. Einfluß eines Antimongehaltes auf den Angriff von Zinkschmelzen auf Eisen
1956, 48 Seiten, 33 Abb., 3 Tabellen, DM 11,90

HEFT 291
Dr.-Ing. H. J. Wiester und Dr. D. Horstmann, Düsseldorf
Der Angriff eisengesättigter Zinkschmelzen auf silizium- und manganhaltiges Eisen
1956, 52 Seiten, 45 Abb., 8 Tabellen, DM 12,60

HEFT 292
Dipl.-Ing. W. Rohs und Text.-Ing. H. Griese, Bielefeld
Webversuche an Leinenwebstühlen mit verbesserter Schaftbewegung
1956, 34 Seiten, 3 Abb., 2 Tabellen, DM 7,60

HEFT 293
Prof. J. W. Korte, unter Mitarbeit von Dipl.-Ing. P. A. Mäcke und Dipl.-Ing. W. Leutzbach, Aachen
Die Leistungsfähigkeit von Verkehrsanlagen des motorisierten städtischen Straßenverkehrs
1956, 98 Seiten, 35 Abb., 5 Tabellen, 1 Falttafel, DM 22,50

HEFT 294
Dipl.-Ing. B. Naendorf, Essen
Untersuchungen industrieller Gasbrenner
1956, 58 Seiten, 6 Abb., 3 Tabellen, DM 12,40

HEFT 295
Prof. Dr.-Ing. H. Opitz und Dipl.-Ing. H. Axer, Aachen
Untersuchung und Weiterentwicklung neuartiger elektrischer Bearbeitungsverfahren
1956, 42 Seiten, 27 Abb., DM 10,30

HEFT 296
Prof. Dr.-Ing. H. Opitz, Aachen
I. Untersuchungen an elektronischen Regelantrieben
II. Statische Untersuchungen zur Ausnutzung von Drehbänken
1956, 46 Seiten, 18 Abb., DM 10,40

HEFT 297
Dr. K. Schaarwächter, Düsseldorf
Die Reduktion von Siliziumtetrachlorid im Lichtbogen zur nachfolgenden Silizierung von Eisenblechen
1958, 30 Seiten, 12 Abb., DM 8,20

HEFT 298
Prof. Dr.-Ing. E. Oehler, Aachen
Untersuchung von kritischen Drehzahlen, die durch Kreiselmomente verursacht werden
1956, 50 Seiten, 35 Abb., DM 13,15

HEFT 299
Dr. J. Fassbender und W. Hoppe, Bonn
Eine photoelektrische Nachlaufeinrichtung für Analogie-Rechenmaschinen
1956, 20 Seiten, 8 Abb., DM 7,65

HEFT 300
Prof. Dr. E. Schütz und Privatdozent Dr. H. Caspers, Münster
Tierexperimentelle Untersuchungen über die Alkoholwirkungen auf Erregbarkeit und bioelektrische Spontanaktivität der Hirnrinde
1956, 44 Seiten, 6 Abb., 1 Tabelle, DM 9,55

HEFT 301
Prof. Dr. W. Weltzien, Dr. G. Cossmann und P. Diehl, Krefeld
Über die fraktionierte Füllung von Polyamiden (II)
1956, 54 Seiten, 1 Abb., 16 Tabellen, DM 11,30

HEFT 302
Prof. Dr.-Ing. W. Wegener und Dipl.-Ing. W. Zahn, Aachen
Untersuchungen von gesponnenen Garnen auf ihre Gleichmäßigkeit nach verschiedenen Meßmethoden
1957, 58 Seiten, 34 Abb., DM 15,20

HEFT 303
Prof. Dr. Ing. S. Kiesskalt, Aachen
Das Institut der Forschungsgesellschaft Verfahrenstechnik e. V. an der Technischen Hochschule Aachen
1956, 76 Seiten, 20 Abb., 3 Tabellen, DM 16,40

HEFT 304
Prof. Dr.-Ing. K. Krekeler, Düsseldorf, und Dipl.-Ing. A. Kleine-Albers, Aachen
Beitrag zur thermoelastischen Warmformbarkeit von Hart-PVC
1957, 72 Seiten, 29 Abb., DM 17,70

HEFT 305
Prof. Dr.-Ing. K. Krekeler, Düsseldorf, Dr.-Ing. H. Peukert, Aachen, und Dipl.-Ing. W. Schmitz, Siegburg
Heißgas-Schweißung von Hart-Polyvinylchlorid mit Zusatzwerkstoff
1956, 44 Seiten, 27 Abb., 5 Tabellen, DM 12,50

HEFT 306
Prof. Dr. B. Rensch, Münster
Elektrophysiologische Untersuchungen zur Analysierung der Bildung von Assoziationen und Gedächtnisspuren in Gehirn und Rückenmark
Prof. Dr. A. Loeser, Münster
Akute und chronische Giftwirkungen sauerstoffhaltiger Lösungsmittel
1956, 36 Seiten, 9 Abb., DM 8,90

HEFT 307
Privatdozent Dr. J. Juilfs, Krefeld
Vergleichende Untersuchungen zur elastischen und bleibenden Dehnung von Fasern
1956, 36 Seiten, 11 Abb., DM 8,30

HEFT 308
Privatdozent Dr. J. Juilfs, Krefeld
Zur Messung der Fadenglätte
1956, 22 Seiten, 10 Abb., 2 Tabellen, DM 8,—

HEFT 309
Prof. Dr. K. Cruse und Mitarbeiter, Clausthal-Zellerfeld
Aufbau und Arbeitsweise eines universell verwendbaren Hochfrequenz-Titrationsgerätes
1957, 48 Seiten, 29 Abb., DM 11,90

HEFT 310
Dr. P. F. Müller, Bonn
Die Integrieranlage des Rheinisch-Westfälischen Instituts für Instrumentelle Mathematik in Bonn
1956, 62 Seiten, 6 Abb., 30 Satzskizzen, DM 14,45

HEFT 311
Prof. Dr. F. Wever und Dr. M. Hempel, Düsseldorf
Dauerschwingfestigkeit von Stählen bei erhöhten Temperaturen
Teil I: Erkenntnisse aus bisherigen Dauerschwingversuchen in der Wärme
1956, 48 Seiten, 19 Abb., 2 Tabellen, DM 10,90

HEFT 312
Prof. Dr. F. Wever und Dr. M. Hempel, Düsseldorf
Dauerschwingfestigkeit von Stählen bei erhöhten Temperaturen
Teil II: Zug-Druck-Dauerschwingversuche an zwei warmfesten Stählen bei Temperaturen von 500 bis 650°
1956, 48 Seiten, 20 Abb, 3 Tabellen. DM 13,—

WESTDEUTSCHER VERLAG · KÖLN UND OPLADEN

HEFT 313
*Prof. Dr. F. Wever, Dr. W. Koch und
Dipl.-Phys. H. Rohde, Düsseldorf*
Änderungen des Habitus und der Gitterkonstanten des Zementits in Chromstählen bei verschiedenen Wärmebehandlungen
1956, 88 Seiten, 29 Abb., 8 Tabellen, DM 20,90

HEFT 314
Prof. Dr. F. Wever, Dr.-Ing. A. Krisch, Düsseldorf, und Dr.-Ing. H.-J. Wiester, Essen
Veränderungen im Gefügeaufbau von Chrom-Nickel-Molybdän-Stählen bei langzeitiger Beanspruchung im Zeitstandversuch bei 500°
1956, 48 Seiten, 26 Abb., 5 Tabellen, DM 11,70

HEFT 315
Prof. Dr. F. Wever und Dr.-Ing. A. Krisch, Düsseldorf
Metallkundliche Untersuchungen an Zeitstandproben
1956, 38 Seiten, 12 Abb., DM 9,15

HEFT 316
Dr. F. Keune, Aachen
Zusammenfassende Darstellung und Erweiterung des Aequivalenzsatzes für schallnahe Strömung
1956, 80 Seiten, 22 Abb., DM 17,90

HEFT 317
Dr.-Ing. J. Stelter, Aachen
Mikrobiologische Ultraschallwirkungen
1957, 106 Seiten, 41 Abb., 12 Tab., DM 23,90

HEFT 318
Dipl.-Ing. H. Kickert, Aachen
Über die Ausbreitung von Ultraschall in Luft
1957, 78 Seiten, 51 Abb., 7 Tab., DM 19,20

HEFT 319
Prof. Dr. C. Kröger, Aachen
Gemengereaktionen und Glasschmelze
1957, 118 Seiten, 53 Abb., 16 Tab., DM 26,—

HEFT 320
Dr. H.-E. Caspary, Köln
Verwendung von Szintillationszählern an Stelle von Zählrohren zur zerstörungsfreien Materialprüfung
1956, 42 Seiten, 13 Abb., 2 Tabellen, DM 10,10

HEFT 321
*Prof. Dr. F. Wever, Düsseldorf, und
Dr. W. Wepner, Köln*
Gleichzeitige Bestimmung kleiner Kohlenstoff- und Stickstoffgehalte im α-Eisen durch Dämpfungsmessung
1956, 30 Seiten, 3 Abb., 4 Tabellen, DM 6,80

HEFT 322
*Prof. Dr.-Ing. F. Bollenrath und
Dipl.-Ing. W. Domke, Aachen*
Eigenspannungen in vergüteten, dickwandigen Stahlzylindern nach Oberflächenhärtung mit induktiver Erwärmung
1956, 30 Seiten, 9 Abb., 2 Tabellen, DM 6,90

HEFT 323
Prof. Dr. R. Seyffert, Köln
Wege und Kosten der Distribution der Textilien, Schuh- und Lederwaren
1956, 98 Seiten, 37 Tabellen, 1 Falttaf., DM 12,—

HEFT 324
*Prof. Dr.-Ing. H. Opitz, Dr.-Ing. E. Saljé und
Dipl.-Ing. K. E. Schwartz, Aachen*
Richtwerte für das Außenrund-Längs- und Einstechschleifen
1956, 62 Seiten, 44 Abb., 2 Tabellen, DM 13,85

HEFT 325
Prof. Dr. E. Schratz, Münster
Pharmakognostische Untersuchungen am Medizinal-Rhabarber
1957, 62 Seiten, 29 Abb., 3 Tabellen, DM 17,90

HEFT 326
Prof. Dr.-Ing. E. Essers und Mitarbeiter, Aachen
Deichselkräfte an Lastzügen
1957, 96 Seiten, 34 Abb., DM 22,10

HEFT 327
*Prof. Dr.-Ing. habil. K. Krekeler und
Dr.-Ing. H. Peukert, Aachen*
Beitrag zur thermoelastischen Formbarkeit von Polyäthylen
1956, 56 Seiten, 49 Abb., 9 Tabellen, DM 12,80

HEFT 328
Dr. H. Maeder, Belo Horizonte
Schweißen von Temperguß
1957, 92 Seiten, 59 Abb., 42 Tabellen, DM 25,50

HEFT 329
Dipl.-Ing. A. Krüger, Karlsruhe, und Feuerwehr-Ing. R. Radusch, Dortmund
Wasserzerstäubung im Strahlrohr
1956, 86 Seiten, 21 Abb., 3 Tabellen, DM 18,65

HEFT 330
Dipl.-Physiker E. Pepping, Aachen
Die Durchflußzahl des Rechteckschlitzes in einer sehr großen Wand
1957, 54 Seiten, 21 Abb., DM 12,35

HEFT 331
Dipl.-Ing. G. Bretschneider, Ruit
Die Messung der wiederkehrenden Spannung mit Hilfe des Netzmodelles
1957, 46 Seiten, 21 Abb., 2 Tab., DM 11,20

HEFT 332
Prof. Dr.-Ing. R. Jaeckel und Dr. G. Reich, Bonn
Messung von Dampfdrucken im Gebiet unter 10^{-2} Torr
1956, 42 Seiten, 16 Abb., 2 Tabellen, DM 10,40

HEFT 333
*Prof. Dipl.-Ing. W. Sturtzel und
Dr.-Ing. W. Graff, Duisburg*
I. Der Flachwassereinfluß auf den Form- und Reibungswiderstand von Binnenschiffen
II. Der Flachwassereinfluß auf die Nachstrom- und Sogverhältnisse bei Binnenschiffen
1956, 44 Seiten, 14 Abb., DM 9,80

HEFT 334
Prof. Dr. W. Weizel und Dr. G. Meister, Bonn
Spektralanalyse durch Messung des Interferenz-Kontrastes
1956, 42 Seiten, DM 9,30

HEFT 335
Prof. Dr. W. Weizel und H. Hornberg, Bonn
Untersuchungen der anodischen Teile einer Glimmentladung
1957, 62 Seiten, 14 Farbabb., 21 Abb., 1 Tab., DM 32,80

HEFT 336
Dr. Tung-ping Yao, Aachen
Die Viskosität metallischer Schmelzen
1957, 64 Seiten, 28 Abb., 2 Tab., DM 14,40

HEFT 337
Dr. R. Hoeppener und Dr. W. Bierther, Bonn
Tektonik und Lagerstätten im Rheinischen Schiefergebirge
1957, 66 Seiten, 14 Abb., DM 16,25

HEFT 338
*Prof. Dr.-Ing. W. Wegener, Aachen, und
Dipl.-Ing. J. Schneider, M.-Gladbach*
Die Bedeutung der Knotenart für die Herabminderung der Fadenbrüche
1957, 40 Seiten, 6 Abb., DM 9,80

HEFT 339
*Prof. Dr.-Ing. W. Wegener und
Dipl.-Ing. W. Zahn, Aachen*
Vergleich des normalen mit verschiedenen abgekürzten Baumwollspinnverfahren in bezug auf Gleichmäßigkeit und Sortierungsstreuung der Garne
1956, 56 Seiten, 17 Abb., 17 Tabellen, DM 12,70

HEFT 340
Dipl.-Ing. W. Rohs und Dipl.-Ing. R. Otto, Bielefeld
Das Naßspinnen von Bastfasergarnen mit Spinnbadzusätzen unter Ausnutzung einer zentralen Spinnwasserversorgungsanlage
1956, 56 Seiten, 2 Abb., 6 Tabellen, DM 11,60

HEFT 341
Prof. Dr.-Ing. H. Winterhager und Dipl.-Ing. L. Werner, Aachen
Präzisions-Meßverfahren zur Bestimmung des elektrischen Leitvermögens geschmolzener Salze
1956, 44 Seiten, 19 Abb., 1 Tabelle, DM 10,60

HEFT 342
Prof. Dr.-Ing. H. Winterhager und Dipl.-Ing. W. Barthel, Aachen
Die Gewinnung von Titanschlackenkonzentraten aus eisenreichen Ilmeniten
1957, 60 Seiten, 30 Abb., 6 Tab., DM 13,30

HEFT 343
Prof. Dr.-Ing. W. Petersen, Aachen, und Dipl.-Ing. S. Wawroschek, Aachen
Die zweckmäßigsten Gütebestimmungsverfahren und Brikettierungsbedingungen bei der Erzeugung von Braunkohlen-Eisenerz-Briketts
1956, 64 Seiten, 28 Abb., 2 Tab., DM 13,95

HEFT 344
Prof. Dr.-Ing. W. Fucks, Aachen
Zur Deutung einfachster mathematischer Sprachcharakteristiken
1956, 38 Seiten, 12 Abb., DM 7,80

HEFT 345
Dipl.-Ing. G. Cerbe und Dipl.-Ing. H. Monstadt, Essen
Konvektive Trocknung mit gasbeheizter Luft und Trocknung durch Gasstrahler
1957, 46 Seiten, 16 Abb., DM 10,40

HEFT 346
Dipl.-Ing. O. Arnold, Aachen
Erfahrungen mit Kernbohrungen zur Lagerstättenuntersuchung im Erzbergbau
1957, 36 Seiten, 2 Abb., 3 Falttaf. 6 Tab., DM 8,80

HEFT 347
S. Ruff, F. Kipp, H. Hausteen und G. Müller, Bonn
Untersuchungen zur Frage der Gehörschädigungen des fliegenden Personals der Propellerflugzeuge
1957, 50 Seiten, 27 Abb., 3 Tab., DM 11,10

HEFT 348
*Prof. Dr.-Ing. E. Piwowarsky
und Dr.-Ing. E. G. Nickel, Aachen*
Metallurgie eines hochwertigen Gußeisens mit kompakter bis kugelförmiger Graphitausbildung
1957, 54 Seiten, 27 Abb., 5 Tab., DM 13,30

HEFT 349
*Dr.-Ing. W. A. Fischer, Dr.-Ing. H. Treppschuh
und Dr.-Ing. K. H. Köthemann, Düsseldorf*
Tiegel aus Schmelzmagnesia für Vakuuminduktionsöfen
1957, 34 Seiten, 14 Abb., DM 8,40

HEFT 350
*Prof. Dr.-Ing. habil. K. Krekeler
und Dr.-Ing. H. Peukert, Aachen*
Das Spannungsverhalten der Kunststoffe bei der Verarbeitung
1958, 32 Seiten, 12 Abb., DM 20,—

HEFT 351
*Prof. Dr.-Ing. H. Opitz, Dipl.-Ing. H. Axer und
Dipl.-Ing. H. Rhode, Aachen*
Zerspanbarkeit hochwarmfester und nichtrostender Stähle. Teil I
1957, 96 Seiten, 73 Abb., 2 Tab., DM 21,80

HEFT 352
Dipl.-Ing. H. Fauser, Aachen
Fahrdynamik und Batterie-Arbeitsverbrauch von Akkumulatorenlokomotiven im Untertagebetrieb
1957, 152 Seiten, 78 Abb., 6 Tab., DM 36,10

HEFT 353
Forschungsinstitut für Rationalisierung, Aachen
Schlagwortregister zur Rationalisierung
1957, 376 Seiten, DM 56,—

HEFT 354
Dipl.-Ing. D. Wagener, Aachen
Auswirkungen neuer Gaserzeugungs-Verfahren unter Berücksichtigung der Auswirkung auf den Kokereibetrieb
in Vorbereitung

HEFT 355
*Prof. Dr.-Ing. habil. K. Krekeler, Dr.-Ing. H. Peukert und
Dipl.-Ing. A. Kleine-Albers, Aachen*
Heißgas-Schweißungen von Weich-Polyvinylchlorid mit Zusatzwerkstoff
1957, 44 Seiten, 19 Abb., DM 11,—

HEFT 356
Dipl.-Phys. G. Gurke, Aachen
Aufbau einer Meßanlage für Untersuchungen elektrischer Gasentladung im Bereiche großer p. d.-Werte
1956, 38 Seiten, 13 Abb., DM 8,65

HEFT 357
Prof. Dr.-Ing. W. Fucks, Aachen
Mathematische Analyse der Formalstruktur von Musik
1958, 54 Seiten, 29 Abb., 16 Tabellen, DM 13,60

HEFT 358
Prof. Dr. rer. nat. W. Weltzien, Dipl.-Chem. P. Ringel und Text.-Ing. H. Kirchhoff, Krefeld
Die Waschechtheit von Färbungen. Vergleichende Untersuchungen auf dem Gebiete der Echtheitsprüfung
1958, 62 Seiten, 12 farb. Abb., DM 58,—

HEFT 359
Dr.-Ing. F. J. Meister, Düsseldorf
Veränderung der Hörschärfe, Lautheitsempfindung und Sprachaufnahme während des Arbeitsprozesses bei Lärmarbeitern
1957, 84 Seiten, 11 Abb., 40 Audiogramme, 41 Tab., DM 19,90

HEFT 360
Dr.-Ing. E. Barz, Remscheid
Fertigungsverfahren und Spannungsverlauf bei Kreissägeblättern für Holz
1957, 72 Seiten, 40 Abb., DM 17,—

HEFT 361
Dipl.-Ing. H. F. Klein, Aachen
Die nichtstationären Strömungsvorgänge und der Wärmeübergang in einem Schwingfeuergerät
1957, 84 Seiten, 34 Abb., 4 Falttafeln, DM 25,90

HEFT 362
*Prof. Dr. med. G. Lehmann und Dipl.-Phys.
D. Dieckmann, Dortmund*
Die Wirkung mechanischer Schwingungen (0,5 bis 100 Hertz) auf den Menschen
1957, 100 Seiten, 53 Abb., 6 Tab., DM 22,50

WESTDEUTSCHER VERLAG · KÖLN UND OPLADEN

HEFT 363
Dr.-Ing. U. Domm, Frankenthal (Pfalz)
Über eine Hypothese, die den Mechanismus der Turbulenz-Entstehung betrifft
1956, 28 Seiten, 4 Abb., DM 6,45

HEFT 364
Prof. Dr. Th. Beste, Köln
Die Mehrkosten bei der Herstellung ungängiger Erzeugnisse im Vergleich zur Herstellung vereinheitlichter Erzeugnisse
1957, 352 Seiten, DM 50,—

HEFT 365
Sozialforschungsstelle an der Universität Münster, Dortmund
Standort und Wohnort
*1957, Textband: 350 Seiten, 28 Karten, 73 Tab.
Anlageband: 15 Karten, 21 Tab., DM 99,—*

HEFT 366
Versuchsanstalt für Binnenschiffbau e. V., Duisburg
Bei Flachwasserfahrten durch die Strömungsverteilung am Boden und an den Seiten stattfindende Beeinflussung des Reibungswiderstandes von Schiffen
1957, 96 Seiten, 39 Abb., 28 Tab., DM 20,40

HEFT 367
Dr. rer. nat. D. Horstmann, Düsseldorf
Der Angriff eisengesättigter Zinkschmelzen auf kohlenstoff-, schwefel- und phosphorhaltiges Eisen
1957, 52 Seiten, 22 Abb., 6 Tab., DM 12,85

HEFT 368
Prof. Dr. phil. H. Kaiser, Dortmund
Entwicklung betriebsmäßiger spektrochemischer Analysenverfahren für technische Gläser
1957, 40 Seiten, 11 Abb., DM 9,10

HEFT 369
Prof. Dr.-Ing. R. Jaeckel und Dipl.-Phys. F. J. Schittko, Bonn
Gasabgabe von Werkstoffen ins Vakuum
1957, 48 Seiten, 20 Abb., 6 Tab., DM 13,30

HEFT 370
Dr. phil. habil. F. Schwarz, Köln
Physikochemische Grundlagen der Bildsamkeit von Kalken unter Einbeziehung des Begriffes der aktiven Oberfläche
in Vorbereitung

HEFT 371
Dr. phil. W. Lejeune, Köln
Beitrag zur statistischen Verifikation der Minderheiten-Theorie
1958, 80 Seiten, 14 Abb., DM 17,90

HEFT 372
Prof. Dr. phil. M. von Stackelberg, Bonn
Untersuchungen zur Ausarbeitung und Verbesserung von polarographischen Analysenmethoden. 2. Bericht
1957, 44 Seiten, 9 Abb., 7 Tab., DM 10,10

HEFT 373
Dipl.-Ing. H. J. Koch, Essen
Druckgasfeuerung — ein Verfahren zum Betrieb von Gasfeuerstätten
1957, 38 Seiten, 8 Abb., 10 Tab., DM 8,50

HEFT 374
Dr. E. Paproth, Krefeld
Paläontologische Bearbeitung der in den devonischen Schichten des Siegerlandes enthaltenen Faunen
1957, 38 Seiten, 3 Tab., DM 8,30

HEFT 375
Technischer Überwachungsverein e. V., Essen
Wanddickenmessungen mittels radioaktiver Strahlen und Zählrohrgerät
1958, 38 Seiten, 15 Abb., DM 9,55

HEFT 376
Technischer Überwachungsverein e. V., Essen
Wasserumlaufprobleme an Hochdruckkesseln
1958, 140 Seiten, 56 Abb., 8 Tabellen DM 32,60

HEFT 377
Technischer Überwachungsverein e. V., Essen
Versuche an Wanderrostkesseln mit befeuchteter Verbrennungsluft
1958, 50 Seiten, 19 Abb., 3 Tabellen., DM 12,20

HEFT 378
Oberingenieur H. Stein, M.-Gladbach
Beobachtung und maßtechnische Erfassung der Vorgänge im Spinn- und Aufwindefeld von Ringspinn- und Ringzwirnmaschinen
1957, 104 Seiten, 88 Abb., 3 Tabellen, DM 26,90

HEFT 379
Laboratorium für textile Meßtechnik, M.-Gladbach
Schußfadenspannung beim Weben
1957, 76 Seiten, 17 Abb., 3 Tabellen, DM 18,60

HEFT 380
Dipl.-Phys. R. Trappenberg, Karlsruhe
Theoretische und experimentelle Untersuchungen zur Staubverteilung einer Rauchfahne
1957, 64 Seiten, 7 Abb., 18 Tabellen, DM 14,90

HEFT 381
Dr. J. Juilfs, Krefeld
Zur Dichtebestimmung von Fasern. Methoden und Beispiele der praktischen Anwendung
1957, 76 Seiten, 34 Abb., 18 Tabellen, DM 17,—

HEFT 382
Dr. phil. habil. P. Hölemann, Ing. R. Hasselmann und Ing. G. Dix, Dortmund
Die Messung von Flammen und Detonationsgeschwindigkeiten bei der explosiven Zersetzung von Acetylen in Rohren
1957, 36 Seiten, 7 Abb., 4 Tab., DM 8,10

HEFT 383
Dr. phil. habil. P. Hölemann und Ing. R. Hasselmann, Dortmund
Verlauf von Azetylenexplosionen in Rohren bei Gegenwart von porösen Massen
1957, 68 Seiten, 10 Abb., 15 Tabellen, DM 16,60

HEFT 384
Prof. Dr.-Ing. H. Opitz, Aachen
Schwingungsuntersuchungen an Werkzeugmaschinen
in Vorbereitung

HEFT 385
Prof. Dr.-Ing. H. Opitz, Aachen
Zerspanbarkeit hochwarmfester und nichtrostender Stähle. Teil II
1957, 86 Seiten, 54 Abb., 5 Tabellen, DM 19,30

HEFT 386
Prof. Dr.-Ing. H. Opitz, Aachen
Standzeituntersuchungen und Verschleißmessungen mit radioaktiven Isotopen
1958, 50 Seiten, 33 Abb., 3 Tabellen, DM 12,75

HEFT 387
Prof. Dr. med. W. Kikuth und Dozent Dr. med. L. Grün, Düsseldorf
Die Verhütung von Infektion durch Desinfektion des Raumes und der Raumluft
1957, 96 Seiten, 14 Abb., 20 Tab., DM 22,50

HEFT 388
Prof. Dr. rer. nat. habil. W. Baumeister und Dr. rer. nat. H. Burghardt, Münster
Die Bedeutung der Elemente Zink und Fluor für das Pflanzenwachstum
1957, 48 Seiten, 17 Abb., DM 10,20

HEFT 389
Prof. Dr.-Ing. habil. H. Fink und K. W. Hoppenhaus, Köln
Die biologische Eiweiß-Synthese von höheren und niederen Pilzen und die alimentäre Lebernekrose der Ratte
1957, 76 Seiten, 2 Abb., 24 Tab., DM 15,60

HEFT 390
Dr.-Ing. J. Endres und Dr.-Ing. G. Hiebel, München
Berechnung der optimalen Leistungen, Kraftstoffverbräuche und Wirkungsgrade von Luftfahrt-Gasturbinen-Triebwerken am Boden und in der Höhe bei Fluggeschwindigkeiten von 0—2000 km/h und bei vorgegebenen Düsenausströmgeschwindigkeiten
1958, 130 Seiten, 16 Abb., DM 24,90

HEFT 391
Prof. Dr. phil. F. Wever, Dr. phil. W. Koch und Dipl.-Chem. F. Stricker, Düsseldorf
Die quantitative spektrographische Analyse von Gasgemischen aus Kohlenmonoxyd, Wasserstoff und Stickstoff
1957, 48 Seiten, 21 Abb., 3 Tab., DM 11,30

HEFT 392
Prof. Dr. phil. F. Wever u. a., Düsseldorf
Untersuchungen über den Konverterrauch im Hinblick auf die spektrale Überwachung des Thomasprozesses
1957, 48 Seiten, 14 Abb., 4 Tab., DM 12,10

HEFT 393
Dr.-Ing. O. Viertel und S. Brückner-Lucas, Krefeld
Arbeitszeitstudien an Haushaltwaschmaschinen
1957, 74 Seiten, 8 Abb., 13 Tab., DM 17,30

HEFT 394
Privatdozent Dr. med. W. Koch, Münster
Die Ablagerung radioaktiver Substanzen im Knochen
1958, 264 Seiten, 147 Abb., DM 51,00

HEFT 395
Dipl.-Ing. L. Hahn, Clausthal-Zellerfeld
Untersuchungen zur Frage des optimalen Bohrloch- und Patronendurchmessers
1957, 132 Seiten, 49 Abb., 19 Tab., DM 31,25

HEFT 396
Prof. Dr.-Ing. F. Schultz-Grunow, Dr.-Ing. A. Jogerich, Essen, Dipl.-Ing. H. Meyer, cand. ing. P. Sand, Aachen
Untersuchungen des Luftwiderstandes von Güterwagen
1957, 42 Seiten, 18 Abb., 5 Tab., DM 10,90

HEFT 397
Techn.-Wissenschaftliches Büro für die Bastfaserindustrie, Bielefeld
Ungleichmäßigkeiten in Bändern von Bastfaserkarden, ihre Ursachen und Auswirkungen
1957, 60 Seiten, 18 Abb., 1 Tab., DM 14,80

HEFT 398
Prof. Dr. habil. H. E. Schwiete, Aachen, u. a.
Einlagerungsversuche an synthetischem Mullit I. — Die Zusammensetzung der Schmelzphase in Schamottesteinen I
1957, 58 Seiten, 6 Abb., 9 Tab., DM 14,40

HEFT 399
Prof. Dr. habil. H. E. Schwiete und Dr.-Ing. R. Vinkeloe, Aachen
Möglichkeiten der quantitativen Mineralanalyse mit dem Zählrohrgerät unter besonderer Berücksichtigung der Mineralgehaltsbestimmung von Tonen
1958, 102 Seiten, 34 Abb., 1 Tabelle, DM 26,70

HEFT 400
Prof. Dr. phil. W. Fuchs und Dipl.-Chem. H. Weyerstrass, Aachen
Entwicklung eines Heißfilters zur Reinigung von Gichtgas eines mit Kohle betriebenen Niederschachtofens
1958, 88 Seiten, 30 Abb., DM 20,20

HEFT 401
Prof. Dr.-Ing. M. Lipp und Dipl.-Chem. G. Frielingsdorf, Aachen
Darstellung reaktionsfähiger Verbindungen des Camphansystems und Versuche zu deren Fluorierung
1957, 84 Seiten, DM 17,—

HEFT 402
Prof. Dr. W. Linke, Aachen
Die Wärmeübertragung durch Thermopane-Fenster
1958, 44 Seiten, 17 Abb., 2 Tabellen, DM 10,80

HEFT 403
Prof. Dr.-Ing. P. Denzel und Dipl.-Ing. W. Cremer, Aachen
Verbesserung der Benutzungsdauer der Höchstlast in ländlichen Netzen durch Anwendung elektrischer Geräte in der Landwirtschaft
1957, 46 Seiten, 23 Abb., DM 12,10

HEFT 404
Prof. Dr. R. Jaeckel und Dipl.-Phys. F. Gross, Bonn
Die Löslichkeit von Gasen in schwerflüchtigen organischen Flüssigkeiten
1957, 46 Seiten, 17 Abb., 1 Tab., DM 11,50

HEFT 405
Prof. Dr.-Ing. H. Opitz und Dipl.-Ing. H. Schuler, Aachen
Untersuchungen für einen Wirtschaftlichkeitsvergleich der Feinbearbeitungsverfahren
1958, 72 Seiten, 43 Abb., DM 17,90

HEFT 406
W. Kirsch, Remscheid
Entwicklungsarbeiten auf dem Gebiete des Korrosionsschutzes
1957, 86 Seiten, 28 Abb., 11 Tabellen, DM 19,—

HEFT 407
Prof. Dr.-Ing. H. Schenk, Aachen, und Dr.-Ing. W. Wenzel, Bad Godesberg
Entwicklungsarbeiten auf dem Gebiete der Verhüttung von Erzstaub in Schmelzkammern
1957, 82 Seiten, 9 Abb., 18 Tabellen, DM 17,10

HEFT 408
Prof. Dr. phil. F. Wever, Dr.-Ing. W. Lueg und Dr.-Ing. H. G. Müller, Düsseldorf
Kraft- und Arbeitsbedarf beim Warmscheren von Stahl in Abhängigkeit von Temperatur und Schnittgeschwindigkeit
1957, 46 Seiten, 15 Abb., 3 Tab., DM 11,35

WESTDEUTSCHER VERLAG · KÖLN UND OPLADEN

HEFT 409
Prof. Dr. phil. F. Wever, Dr. phil. W. Koch, Dr. rer. nat. Ch. Ilschner-Gensch und Dipl.-Phys. H. Rohde, Düsseldorf
Das Auftreten eines kubischen Nitrids in aluminiumlegierten Stählen
1957, 38 Seiten, 12 Abb., 3 Tabellen, DM 10,10

HEFT 410
Prof. Dr. phil. F. Wever, Prof. Dr. rer. techn. A. Kochendörfer, Dr. phil. nat. M. Hempel, Düsseldorf und Dipl.-Phys. E. Hillenhagen, Köln
Biegewechselversuche mit Flachproben aus Alpha-Eisen-Einkristallen zur Bestimmung der Wechselfestigkeit und der Gleitspuren
1957, 112 Seiten, 58 Abb., 3 Tabellen, DM 30,—

HEFT 411
Prof. Dr. W. Halbsguth und Dr. L. Sommer, Frankfurt/M.
Grundlegende Versuche zur Keimungsphysiologie von Pilzsporen
1957, 100 Seiten, 13 Abb., 32 Tabellen., DM 22,70

HEFT 412
Prof. Dr.-Ing. H. Opitz, Aachen
Kennwerte und Leistungsbedarf für Werkzeugmaschinengetriebe
1958, 72 Seiten, 35 Abb., DM 17,20

HEFT 413
Prof. Dr.-Ing. H. Opitz, Aachen
Richtwerte für das Fräsen von unlegierten und legierten Baustählen mit Hartmetall, Teil II
1957, 56 Seiten, 35 Abb., 4 Tabellen, DM 14,40

HEFT 414
Dr. med. H.-K. Parchwitz und Dr. med. C. Winkler, Bonn
Speicherung organischer Farbstoffe und künstlich radioaktiver Substanzen in Geschwülsten
1958, 46 Seiten, 14 Abb., DM 13,35

HEFT 415
Prof. Dr.-Ing. W. Paul, Dr. rer. nat. O. Osberghaus und Dipl.-Phys. E. Fischer, Bonn
Ein Ionenkäfig
1958, 56 Seiten, 18 Abb., DM 13,65

HEFT 416
Oberreg.-Gewerberat Dipl.-Ing. G. Steinicke, Hamburg
Die Wirkung von Lärm auf den Schlaf des Menschen
1957, 46 Seiten, 14 Abb., 8 Tab., DM 11,60

HEFT 417
Prof. Dr.-Ing. habil. E. Rößger, Berlin
I. Teil: Die Entwicklung des Weltluftverkehrs, Ergänzungsbericht 1954
II. Teil: Die zivile Luftfahrtpolitik der USA
1957, 230 Seiten, 6 Abb., 83 Tab., DM 48,—

HEFT 418
O. Gdaniec, Mülheim/Ruhr
Über die Randlochkarte als Hilfsmittel in der Dokumentation
1957, 44 Seiten, 15 Abb., 8 Tab., DM 10,10

HEFT 419
Dipl.-Ing. K. Brooks
Die Messungen der Reflexionseigenschaften künstlicher und natürlicher Materialien mit quasi-optischen Methoden bei Mikrowellen
1957, 78 Seiten, 52 Abb., DM 20,35

HEFT 420
Dipl.-Ing. M. Vogel, Oberpfaffenhofen
Das Spektralgebiet zwischen dem langwelligen Ultrarot und Mikrowellen
1957, 66 Seiten, 2 Abb., DM 13,50

HEFT 421
ORR Dipl.-Volkswirt Dr. H. Rogmann, Düsseldorf
Die Erforschung der Verkehrskonjunktur und der langzeitigen Dynamik in der Verkehrswirtschaft (Zusammenfassung der eingegangenen Stellungnahmen und Vorschläge)
1957, 168 Seiten, 3 Falttafeln, DM 26,60

HEFT 422
Prof. Dr.-Ing. K. Leist und Dipl.-Ing. W. Dettmering, Aachen
Prüfstände zur Messung der Druckverteilung an rotierenden Schaufeln
in Vorbereitung

HEFT 423
Prof. Dr.-Ing. K. Leist und Dr.-Ing. O. Thun, Aachen
Strömungsmessungen über Brennkammer-Wirkungsgrade
in Vorbereitung

HEFT 424
Prof. Dr.-Ing. K. Leist und Dipl.-Ing. I. Weber, Aachen
Spannungsoptische Untersuchungen von rotierenden Scheiben mit exzentrischen Bohrungen
1958, 74 Seiten, 80 Abb., 7 Tab., DM 22,65

HEFT 425
Dipl.-Ing. H. Lübke, Hamburg
Gasturbinen und Strahlantriebe für Hubschrauber
1958, 120 Seiten, 70 Abb., 9 Falttafeln, 1 Tab., DM 30,40

HEFT 426
Prof. Dr.-Ing. H. Opitz und Dipl.-Ing. W. Scholz, Aachen
Untersuchungen über den Räumvorgang
1957, 74 Seiten, 36 Abb., 7 Tab., DM 16,55

HEFT 427
Dr.-Ing. J. Endres, München
Kinematische Untersuchung eines Zweitakt-Hochleistungs-Dieseltriebwerks mit achsparallelen Zylindern und gegenläufigen Kolben
1958, 46 Seiten, 15 Abb., DM 11,55

HEFT 428
Dr.-Ing. J. Endres, München
Untersuchungen der Beschleunigungsverhältnisse eines Zweitakt-Hochleistungs-Dieseltriebwerks mit achsparallelen Zylindern und gegenläufigen Kolben
in Vorbereitung

HEFT 429
Prof. Dr. O. Kuhn, Köln
Selektive Wirkung verschiedener Stoffgruppen auf tierische Gewebe
1957, 54 Seiten, 32 Abb., DM 13,15

HEFT 430
Prof. Dr. G. Garbotz, Aachen und Dr.-Ing. G. Dress, Cadiz
Untersuchungen über das Kräftespiel an Flachbagger-Schneidwerkzeugen in Mittelsand und schwach bindigem, sandigem Schluff unter besonderer Berücksichtigung der Planierschilde und ebenen Schürfkübelschneiden
1958, 156 Seiten, 81 Abb., DM 37,50

HEFT 431
Prof. Dr.-Ing. H. Winterhager, Dr.-Ing. R. Kammel und Dipl.-Ing. W. Barthel, Aachen
Fortschritte auf dem Gebiet der Titanmetallurgie 1950—1955
1957, 160 Seiten, DM 34,50

HEFT 432
Dipl.-Phys. R. Werz, Bonn
Die Entwicklung einer Synchrozyklotron-Ionenquelle
1958, 122 Seiten, 90 Abb., 1 Tabelle, DM 30,30

HEFT 433
Dr.-Ing. G. Satlow, Aachen
Über einige physikalische und chemische Eigenschaften der Wolle von der gewaschenen Wolle bis zum Kammzug
1957, 72 Seiten, 15 Abb., 19 Tab., DM 15,25

HEFT 434
Dipl.-Ing. W. Robs und Dr. J. Geurten, Bielefeld
Schlichten für Baumwollgarne
1957, 108 Seiten, 3 Abb., zahlreiche Tab., DM 23,70

HEFT 435
Dipl.-Ing. W. Robs und Dipl.-Ing. L. Steinmetz, Bielefeld
Die Massengleichmäßigkeit von Flachstreckenbändern in Abhängigkeit von Verzug und Dopplung
1957, 42 Seiten, 4 Abb., 2 Tabellen, DM 9,90

HEFT 436
Priv.-Doz. Dr. habil. J. Juilfs, Krefeld
Zur Bestimmung der Reißlast (Zugfestigkeit) von Fasern, Fäden und Garnen
in Vorbereitung

HEFT 437
Prof. Dr. G. Schmölders und Dr. I. Meyer, Köln
Geldwertbewußtsein und Münzpolitik. — Das sogenannte Gresham'sche Gesetz im Lichte der ökonomischen Verhaltensforschung
1957, 92 Seiten, DM 20,30

HEFT 438
Prof. Dr.-Ing. H. Winterhager und Dr.-Ing. L. Werner, Aachen
Bestimmung des elektrischen Leitvermögens geschmolzener Fluoride
1957, 52 Seiten, 18 Abb., 10 Tab., DM 11,90

HEFT 439
Prof. Dr. phil. H. Lange, Köln und Dr. rer. nat. R. Kohlhaas, Neuß/Rh.
Anwendung der thermomagnetischen Analyse zum Studium des Umwandlungsverhaltens von Eisenwerkstoffen im Temperaturbereich von —150°C bis +1500°C
1958, 108 Seiten, 72 Abb., 2 Tabellen, DM 27,10

HEFT 440
Dr.-Ing. H. Wolf, Aachen
Gekoppelte Hochfrequenzleitungen als Richtkoppler
1958, 122 Seiten, 44 Abb., DM 31,60

HEFT 441
Dr. phil. habil. P. Hölemann und Ing. R. Hasselmann, Düsseldorf
Messung des Temperatur- und Druckverlaufes beim Füllen und Entspannen von Dissousgas
1957, 52 Seiten, 6 Abb., 7 Tab., DM 11,25

HEFT 442
Dipl.-Ing. W. Robs, Text.-Ing. Griese und Text.-Ing. W. Lauer, Bielefeld
Die Auswirkungen der Trocknungsart naßgesponnener Leinengarne auf deren Verarbeitungswirkungsgrad sowie auf die Festigkeits- und Dehnungseigenschaften der Garne und Gewebe
1957, 28 Seiten, 2 Abb., 3 Tab., DM 6,50

HEFT 443
Prof. Dr. phil. W. Weizel und K. Kluth, Bonn
Über die Struktur der positiven Gleitentladungen
1957, 44 Seiten, 30 Abb., DM 12,20

HEFT 444
Dr.-Ing. W. Wilhelm, Aachen
Einfluß der Saugrohrabmessung, der Einlaßsteuerlage und der Größe des Kurbelkastenvolumens auf den Ladungswechsel eines Einzylinder-Zweitakt-Dieselmotors
1958, 104 Seiten, 22 Abb., DM 22,40

HEFT 445
Dr.-Ing. E. Barz, Remscheid
Fertigungs- und Prüfverfahren für Feilen
vergriffen

HEFT 446
Dr. med. G. Schäfer
Glutationsstoffwechsel und Sauerstoffmangel
1957, 28 Seiten, 5 Tab., DM 6,40

HEFT 447
Prof. Dr.-Ing. F. Bollenrath, Aachen, Dr.-Ing. H. Füllenbach, Seesen/Harz und Dipl.-Ing. J. Schumacher, Neubeckum/Westf.
Entwicklung rationell arbeitender Spritzkabinen
1958, 56 Seiten, 26 Abb., DM 13,55

HEFT 448
Dr. med. C. Winkler, Bonn
Ein Koinzidenz-Szintillometer zum Zwecke der Schilddrüsenfunktionsdiagnostik und der Tumordiagnostik
1957, 32 Seiten, 12 Abb., DM 8,35

HEFT 449
Priv.-Doz. Oberbaurat Dr.-Ing. W. Meyer zur Capellen und Mitarbeiter, Aachen
Bewegungsverhältnisse an der geschränkten Schubkurbel
in Vorbereitung

HEFT 450
Prof. Dr.-Ing. W. Paul, Bonn, und Dipl.-Phys. H. P. Reinhard, M.-Gladbach
Das elektrische Massenfilter als Isotopentrenner
1958, 56 Seiten, 20 Abb., DM 13,50

HEFT 451
Prof. Dr. G. Schmölders, Köln
Rationalisierung und Steuersystem
1957, 78 Seiten, DM 17,15

HEFT 452
Prof. Dr. rer. nat. W. Weltzien und Dr. phil. K. Windeck, Krefeld
Veränderungen an Fasern bei der Bleiche mit Natriumchlorid und über einige Vergilbungserscheinungen
1957, 64 Seiten, 3 Abb., 13 Tabellen, DM 14,85

HEFT 453
Forschungsinstitut der Feuerfest-Industrie, Bonn
Die Arbeiten der technisch-wissenschaftlichen Kommission der PRE (Vereinigung der europäischen Feuerfest-Industrie)
1957, 62 Seiten, 9 Abb., 18 Tabellen, DM 14,75

HEFT 454
Dr.-Ing. W. Piepenburg, Dipl.-Ing. B. Bühling und Bauing. J. Behnke, Köln
Haftfestigkeit der Putzmörtel
1958, 128 Seiten, 6 Abb., 63 Tabellen, DM 28,30

WESTDEUTSCHER VERLAG · KÖLN UND OPLADEN

HEFT 455
Dr.-Ing. W. A. Fischer, Dr.-Ing. H. Treppschuh und Dipl.-Phys. K. H. Köthemann, Düsseldorf
Erschmelzung von Reinsteisen nach dem Kohlenstoffproduktionsverfahren und Kerbschlagzähigkeit-Temperatur-Kurven dieses Eisens
1957, 38 Seiten, 7 Abb., 6 Tabellen, DM 9,35

HEFT 456
Priv.-Doz. Dir. Dr.-Ing. K. Bungardt, Essen
Zeitstandversuche an austenitischen Stählen und Legierungen
in Vorbereitung

HEFT 457
Prof. Dr. phil. F. Wever, Düsseldorf und Dr. phil. W. Wepner, Köln
Dämpfungsmessungen an schwach gereckten Eisen-Kohlenstoff-Legierungen
1957, 34 Seiten, 7 Abb., 3 Tab., DM 8,40

HEFT 458
Prof. Dr.-Ing. H. Schenck und Dr.-Ing. E. Schmidtmann, Aachen
Das Frischen von Thomas-Roheisen mit Sauerstoff-Wasserdampf-Gemischen und die Eigenschaften der damit erblasenen Stähle
1957, 62 Seiten, 56 Abb., DM 16,35

HEFT 459
Prof. Dr. phil. F. Wever, Dr. phil. O. Krisement und Hanna Schädler, Düsseldorf
Ein isothermes Mikrokalorimeter zur kinetischen Messung von Umwandlungs- und Ausscheidungsvorgängen in Legierungen
1957, 44 Seiten, 14 Abb., DM 10,75

HEFT 460
Prof. Dr. phil. F. Wever und Dr. rer. nat. B. Ilschner, Düsseldorf
Ein isothermes Lösungskalorimeter zur Bestimmung thermo-dynamischer Zustandsgrößen von Legierungen
1957, 44 Seiten, 7 Abb., 4 Tabellen, DM 10,40

HEFT 461
Prof. Dr.-Ing. habil. E. Piwowarski †, Prof. Dr.-Ing. W. Patterson und Dipl.-Ing. F. W. Iske, Aachen
Verbesserung der Zähigkeitseigenschaften von Bessemer-Stahlguß
1958, 54 Seiten, 15 Abb., 16 Tabellen, DM 12,75

HEFT 462
Prof. Dr. rer. nat. J. Weissinger
Zur Aerodynamik des Ringflügels — II. Die Ruderwirkung
Zur Aerodynamik des Ringflügels — III. Der Einfluß der Profildicken
1957, 82 Seiten, 7 Abb., 6 Tabellen, DM 18,20

HEFT 463
Dipl.-Ing. G. Plüss, Essen-Steele
Die Aufteilung der verbrennlichen Bestandteile in Verbrennungsgasen auf CO und H_2 bei Verbrennung mit Luftunterschuß und bei Luftüberschuß und künstlicher Flammenkühlung
1957, 34 Seiten, 7 Abb., 2 Tabellen, DM 8,40

HEFT 464
Dr. phil. habil. P. Hölemann und Ing. R. Hasselmann, Dortmund
Die Möglichkeit der Zündung von Acetylen in Rohrleitungen beim Ausblasen mit Stickstoff
1957, 38 Seiten, 6 Abb., 6 Tabellen, DM 9,20

HEFT 465
Dr.-Ing. R. Koch, Köln
Amerikanische Fertigungsunterlagen und ihre Werkstattreifmachung für deutsche Betriebe
in Vorbereitung

HEFT 466
Prof. Dr.-Ing. J. Mathieu, Aachen
Überbetrieblicher Verfahrensvergleich
1958, 68 Seiten, 16 Abb., DM 16,65

HEFT 467
Prof. Dr. Dr. h. c. E. Klenk und Dr. phil. H. Faillard, Köln
Neue Erkenntnisse über den Mechanismus der Zellinfektion durch Influenzavirus
Die Bedeutung der Neuraminsäure als Zellreceptor für das Influenzavirus
1957, 52 Seiten, 5 Abb., DM 14,40

HEFT 468
Prof. Dr. med. Dr. med. dent. G. Korkhaus und Dr. med. R. Alfter, Bonn
Die Vakuumwurzelbehandlung
1958, 52 Seiten, 51 Abb., DM 16,55

HEFT 469
Dr. sc. agr. F. Riemann und Dipl.-Volksw. R. Hengstenberg, Göttingen
Zur Industrialisierung kleinbäuerlicher Räume
1957, 138 Seiten, 4 Karten, 23 Tab., DM 27,—

HEFT 470
O. Wehrmann
Hitzdrahtmessungen in einer aufgespaltenen Kármánschen Wirbelstraße
1957, 42 Seiten, 14 Abb., 4 Tabellen, DM 10,90

HEFT 471
Prof. Dr. phil. habil. A. Naumann, Dr.-Ing. A. Heyser und Dr. phil. Dipl.-Ing. W. Trommsdorf, Aachen
Der Überdruck-Windkanal in Aachen
1957, 44 Seiten, 20 Abb., DM 11,—

HEFT 472
Dipl.-Ing. A. Freitag, Essen-Steele
Verhalten von Katalytstrahlern bei Betrieb mit Luftvormischung zum Gas und der Verbrennung von Luft gegen eine Gasatmosphäre
1958, 44 Seiten, 18 Abb., 1 Tabelle, DM 11,10

HEFT 473
Prof. Dr. phil. F. Wever, Dr.-Ing. W. Lueg und Dipl.-Ing. P. Funke jr. Düsseldorf
Versuche an einer hydraulischen 25 t-Stangenziehbank
1957, 34 Seiten, 11 Abb., DM 8,95

HEFT 474
Dr.-Ing. R. Ibing und Dipl.-Ing. G. Meier, Hannover
Eichung und Entwicklung von Staubentnahmesonden
1958, 32 Seiten, 9 Abb., 2 Tabellen, DM 8,65

HEFT 475
Prof. Dipl.-Ing. W. Sturtzel, Obering. Helm und Dipl.-Ing. Heuser, Duisburg
Systematische Ruderversuche mit einem Schleppkahn und einem Binnenselbstfahrer vom Typ „Gustav Koenigs"
1958, 84 Seiten, 38 Abb., 4 Tabellen, DM 20,10

HEFT 476
Prof. Dipl.-Ing. W. Sturtzel und Dipl.-Ing. Schmidt-Stiebitz, Duisburg
Einfluß der Hinterschiffsform auf das Manövrieren von Schiffen auf flachem Wasser
in Vorbereitung

HEFT 477
Dr. K. Utermann, Dortmund
Freizeitprobleme bei der männlichen Jugend einer Zechengemeinde
1957, 56 Seiten, DM 12,75

HEFT 478
Prof. Dr.-Ing. habil. W. Petersen und Dr.-Ing. S. Wawroschek, Aachen
Brikettierungsversuche zur Erzeugung von Möllerbriketts unter Verwendung von Braunkohle
1957, 102 Seiten, 42 Abb., 6 Tabellen, DM 24,25

HEFT 479
Prof. Dr.-Ing. W. Wegener, Aachen, und Dipl.-Ing. H. Fourné, Bochum
Ursachen des Überschreitens der Toleranzgrenze nach oben oder unten (Meter pro Gramm) an der Strecke
1958, 60 Seiten, 17 Abb., 3 Tabellen, DM 14,60

HEFT 480
Dr. phil. K. Brücker-Steinkuhl, Düsseldorf
Anwendung mathematisch-statistischer Verfahren bei der Fabrikationsüberwachung
in Vorbereitung

HEFT 481
Oberbaurat Dr.-Ing. W. Meyer zur Capellen, Aachen
Fünf- und sechspunktige Geradführung in Sonderlagen des ebenen Gelenkvierecks
in Vorbereitung

HEFT 482
Dipl.-Ing. R. Pels-Leusden und Dr. K. Bergmann, Essen
Die Frostbeständigkeit von Ziegeln; Einflüsse der Materialzusammensetzung und des Brandes
1958, 84 Seiten, 31 Abb., 4 Tab., DM 20,45

HEFT 483
Prof. Dr.-Ing. habil. F. A. F. Schmidt, Aachen
Gemischbildungs-, Selbstzündungs- und Verbrennungsvorgänge als Grundlage für Entwicklungsarbeiten an Gasturbinenbrennkammern
in Vorbereitung

HEFT 484
Prof. Dr. habil. H. E. Schwiete und Dr. G. Schwiete, Aachen
Beitrag zur Struktur des Montmorillonit
in Vorbereitung

HEFT 485
Prof. Dr. phil. E. Jenckel, Aachen, Dr. H. Wilsing, Dormagen, Dr. H. Dörffurt, Wesseling/Bez. Köln und Dipl.-Phys. H. Rinkens, Eschweiler
Kristallisation der Hochpolymeren
in Vorbereitung

HEFT 486
Doz. Dr. med. E. Lerche und Dr. med. J. Schulze, Aachen
Hörermüdung und Adaptation im Tierexperiment
1958, 44 Seiten, 12 Abb., DM 10,55

HEFT 487
Prof. Dipl.-Ing. W. Blume, Duisburg
Festigkeitseigenschaften kombinierter Leichtbaustoffe im Hinblick auf die Verkehrstechnik, insbesondere des Flugzeugbaus
1958, 102 Seiten, 31 Abb., 2 Tabellen, DM 25,50

HEFT 488
Prof. Dr. habil. H. E. Schwiete und Dipl.-Chem. H. Westmark
Beitrag zur Kennzeichnung der Texturen von Schamottesteinen
1958, 62 Seiten, 34 Abb., 7 Tab., DM 16,80

HEFT 489
Dipl.-Math. K. H. Müller
Strenge Lösungen der Navier-Stokes-Gleichung für rotationssymmetrische Strömungen
1957, 64 Seiten, 23 Abb., DM 14,85

HEFT 490
Hauptstelle für Staub- und Silikosebekämpfung des Steinkohlenbergbauvereins, Essen-Rüttenscheid
Zur Staub- und Silikosebekämpfung im Steinkohlenbergbau
in Vorbereitung

HEFT 491
Prof. Dr. Fr. Lotze und K. Kötter, Münster
Chloridgehalte des oberen Emsgebietes und ihre Beziehungen zur Hydrogeologie
in Vorbereitung

HEFT 492
Prof.-Dr. phil. J. Meixner und B. Manz, Aachen
Zur Theorie der irreversiblen Prozesse in α-Eisen
1958, 22 Seiten, 1 Abb., DM 5,70

HEFT 493
Prof. Dr. phil. habil. A. Naumann und Dipl.-Ing. H. Pfeiffer, Aachen
Versuche an Wirbelstraßen hinter Zylindern bei hohen Geschwindigkeiten
1958, 46 Seiten, 19 Abb., DM 11,65

HEFT 494
Dipl.-Ing. W. Rohs und Text.-Ing. Griese, Bielefeld
Entwicklung und Erprobung eines verbesserten elektrischen Kettfadenwächtergeschirrs für die Leinen- und Halbleinenweberei
1957, 56 Seiten, 9 Abb., 11 Tabellen, DM 13,—

HEFT 495
Prof. Dr. phil. E. Asmus und Dr. rer. nat. H.-F. Kurandt, Berlin
Einige analytische Anwendungen der Zincke-Königschen Reaktion
1958, 46 Seiten, 14 Abb., 7 Tabellen, DM 11,45

HEFT 496
Dipl.-Chem. P. Vogel, Krefeld
Färberische Eigenschaften von zur Herstellung von Verdickungen in der Stoffdruckerei bestimmten Stoffen
1957, 38 Seiten, 3 Abb., 3 Tabellen, DM 9,30

HEFT 497
Oberarzt Dr. med. G. Mußgnug, Bottrop
Die Knochenveränderungen und der Knochenstoffwechsel beim Sudeck-Syndrom
1958, 58 Seiten, 18 Abb., DM 13,85

HEFT 498
Prof. Dr.-Ing. H. Zahn und Dr. rer. nat. W. Gerstner, Aachen
Herstellung säurefester technischer Gewebe
1957, 40 Seiten, 8 Tabellen, DM 9,65

HEFT 499
Priv.-Doz. Dr. J. Juilfs, Krefeld
Die Bestimmung des Wasserrückhaltevermögens (bzw. des Quellwertes) von Fasern
1958, 42 Seiten, 8 Abb., 8 Tabellen, DM 10,35

WESTDEUTSCHER VERLAG · KÖLN UND OPLADEN

HEFT 500
Priv.-Doz. Dr. J. Juilfs, Krefeld
Vergleichende Untersuchungen am Schopper-Scheuerprüfgerät
1958, 74 Seiten, 34 Abb., verschied. Tab., DM 18,10

HEFT 501
Dipl.-Ing. W. Rohs und Dr. J. Geurten, Bielefeld
Untersuchungen in der Leinengarnbleiche
1958, 50 Seiten, 5 Abb., 5 Tabellen, DM 11,50

HEFT 502
Prof. Dr. M. Diem und Dr. R. Trappenberg, Karlsruhe
Berechnung der Ausbreitung von Staub und Gas
1957, 200 Seiten, mit zahlreichen Diagr., DM 37,30

HEFT 503
Dr. rer. nat. J. Faßbender, Bonn
Untersuchungen über die Eigenschaften von Cadmiumsulfid-Sandwich-Zellen
1957, 36 Seiten, 8 Abb., DM 8,80

HEFT 504
Prof. Dr. phil. F. Wever, Dr. phil. W. Wink und
Dr. rer. nat. W. Jellinghaus, Düsseldorf
Versuchsanordnung zur Messung der Suszeptibilität paramagnetischer Stoffe und Meßergebnisse an Nickel-Chrom- und Kobalt-Nickel-Chrom-Werkstoffen
1958, 38 Seiten, 10 Abb., 2 Tabellen, DM 9,95

HEFT 505
Prof. Dr.-Ing. F. A. F. Schmidt und
Dipl.-Ing. H. Heitland, Aachen
Einfluß des Selbstzündungsverhaltens der Kraftstoffe auf den Verbrennungsablauf, Wirkungsgrad und Druckverlust von Hochleistungsbrennkammern
in Vorbereitung

HEFT 506
Prof. Dr.-Ing. W. Meyer zur Capellen, Aachen
Der Flächeninhalt von Koppelkurven. — Ein Beitrag zu ihrem Formenwandel
in Vorbereitung

HEFT 507
Prof. Dr. H. Kaiser, Dr. G. Bergmann und
Dr. G. Gresze, Dortmund
Kartei zur Dokumentation in der Molekülspektroskopie
in Vorbereitung

HEFT 508
Dr. H. Schmidt-Ries, Krefeld
Limnologische Untersuchungen des Rheinstromes I (Hydrobiologische und physiographische Untersuchungen)
1958, 76 Seiten, DM 33,90

HEFT 509
Dr. Schmidt-Ries, Krefeld
Limnologische Untersuchungen des Rheinstromes I (Tabellenwerk)
in Vorbereitung

HEFT 510
Prof. Dr. rer. nat. W. Groth und Dr.-Ing. K. Bayerle, Bonn
Anreicherung der Uranisotope nach dem Gaszentrifugenverfahren
1958, 88 Seiten, 43 Abb., DM 21,20

HEFT 511
H. Wahl, G. Kantenwein und W. Schäfer, Essen
Gesteinsbohr-Modellversuche zur Frage des Drehbohrens, Schlagbohrens und Drehschlagbohrens
in Vorbereitung

HEFT 512
Prof. Dr. H. Strassl, Bonn
Azimut-Monogramme für alle Stundenwinkel und Deklinationen im Bereich der geographischen Breiten von —80° bis +80°
in Vorbereitung

HEFT 513
Prof. Dr. W. Schmitz und Dr. rer. F. Schmitt, Mülheim/Ruhr
Die Verwendung des Magnetbandgerätes zur Speicherung des Kurvenverlaufs elektrischer Ströme
1958, 68 Seiten, 35 Abb., DM 17,65

HEFT 514
Dr. rer. nat. M.-E. Meffert, Essen
Die Kultur von Scenedesmus obliquus in Abwasser
1957, 46 Seiten, 7 Abb., 7 Tabellen, DM 10,85

HEFT 515
Prof. Dr. habil. H. E. Schwiete und
Dr.-Ing. Chr. Hummel, Aachen
Thermochemische Untersuchungen im System SiO_2 und $Na_2O—SiO_2$
1958, 122 Seiten, 29 Abb., 28 Tabellen, DM 28,00

HEFT 516
Prof. Dr.-Ing. H. Müller, Dipl.-Ing. F. Reinke und
Dipl.-Ing. W. Sorgenicht, Essen
Gesamtstrahlungsmessungen der Temperaturstrahlung
in Vorbereitung

HEFT 517
Prof. Dr. med. G. Lehmann und Dr. med. J. Meyer-Delius, Dortmund
Gefäßreaktionen der Körperperipherie bei Schalleinwirkung
1958, 36 Seiten, 12 Abb., DM 9,15

HEFT 518
Dr.-Ing. H. Scheffler, Dortmund
Funktionelle Zusammenhänge der dynamischen Einflußgrößen beim handgeführten Druckluft-Abbauhammer und ihre Berücksichtigung für die Konstruktion rückstoßarmer Hämmer
in Vorbereitung

HEFT 519
Prof. Dr. phil. F. Wever, Dr. phil. W. Koch und
Dr. phil. S. Eckhard, Düsseldorf
Die spektrographische Bestimmung der Spurenelemente in Stahl ohne vorherige Abbrennung
1958, 50 Seiten, 22 Abb., DM 12,60

HEFT 520
Prof. Dr.-Ing. H. Opitz, Dipl.-Ing. H. Obrig und
Dipl.-Ing. P. Kips, Aachen
Untersuchung neuartiger elektrischer Bearbeitungsverfahren
1958, 58 Seiten, 35 Abb., DM 14,70

HEFT 521
Prof. Dr.-Ing. H. Opitz und Dipl.-Ing. K. E. Schwartz, Aachen
Das Abrichten von Schleifscheiben mit Diamanten
1958, 72 Seiten, 34 Abb., 3 Tabellen, DM 17,15

HEFT 522
J. Lorentz und K. Brocks
Elektrische Meßverfahren in der Geodäsie
1958, 118 Seiten, 49 Abb., 5 Tab., DM 28,—

HEFT 523
K. Eberts
Entwicklungen einiger Meßverfahren und einer Frequenz- und amplitudenstabilisierten Meßeinrichtung zur gleichzeitigen Bestimmung der komplexen Dielektrizitäts- und Permeabilitätskonstante von festen und flüssigen Materialien im rechteckigen Hohlleiter und im freien Raum bei Frequenzen von 9200 und 33000 MHz
1958, 132 Seiten, 37 Abb., DM 30,20

HEFT 524
Dr. rer. nat. S. Lockau, Emlichheim
Versuche zur Gewinnung von Kartoffeleiweiß
1958, 56 Seiten, 2 Abb., DM 12,70

HEFT 525
Prof. Dr. h.c. H. P. Kaufmann und
Dr. F. Weghorst, Münster
Beiträge zur Chemie und Technologie der Fetthärtung I
in Vorbereitung

HEFT 526
Dr. phil. habil. P. Hölemann und
Ing. R. Hasselmann, Dortmund
Einfluß der Oberflächenbeschaffenheit der Wandung auf den Ablauf von Azetylenexplosionen
1958, 62 Seiten, 8 Abb., 10 Tabellen, DM 14,50

HEFT 527
Dr. rer. nat. K. G. Müller, Hanau/W.
Wärmeübertragung auf eine Flugstaubströmung im senkrechten Rohr sowie auf eine durchströmte Schüttgutschicht
in Vorbereitung

HEFT 528
Dr. P. Ney und Dr. F. Schwarz, Köln
Physikochemische Grundlagen der Bildsamkeit von Kalken unter Einbeziehung des Begriffs der aktiven Oberfläche
Kristallchemische Betrachtung der Bildsamkeit
1958, 110 Seiten, 34 Abb., 6 Tabellen, DM 26,75

HEFT 529
Dr. phil. G. Riedel, Dortmund
Messung und Regelung des Klimazustandes durch eine die Erträglichkeit für den Menschen anzeigende Klimasonde
1958, 78 Seiten, 35 Abb., DM 17,95

HEFT 530
Prof. Dr. med. O. Graf, Dortmund
Nervöse Belastung im Betrieb — I. Teil: Nachtarbeit und nervöse Belastung
in Vorbereitung

HEFT 531
Prof. Dr.-Ing. habil. K. Krekeler, Dipl.-Ing. H. Verhoeven und Dipl.-Ing. H. Ernenputsch, Aachen
Autogenes Entspannen bei niedrigen Temperaturen
in Vorbereitung

HEFT 532
Prof. Dr.-Ing. habil. K. Krekeler, Dipl.-Ing. H. Verhoeven und Dipl.-Ing. W. Krieweth, Aachen
Schutzgasschweißen mit kontinuierlich abschmelzender Elektrode von niedriglegierten Kohlenstoffstählen (Sigma-Schweißen)
in Vorbereitung

HEFT 533
Prof. Dr.-Ing. H. Opitz und Dipl.-Ing. W. Hölken, Aachen
Untersuchung von Ratterschwingungen an Drehbänken
1958, 84 Seiten, 44 Abb., 2 Tab., DM 19,70

HEFT 534
Oberbergamtsdirektor H. Sanders, Dortmund
Seismische Forschungsarbeiten im Ostteil des Grubenfeldes König Ludwig
in Vorbereitung

HEFT 535
Dr.-Ing. J. Lennertz, Köln
Einfluß des Ausbaugrades und Benutzungsgrades nachrichtentechnischer Einrichtungen auf die Gesamtwirtschaft
in Vorbereitung

HEFT 536
Dr. rer. nat. C. W. Czernin-Chudenitz, Krefeld
Limnologische Untersuchungen des Rheinstromes. — Quantitative Phytoplanktonuntersuchungen
in Vorbereitung

HEFT 537
Dr.-Ing. N. Gössl, Frankfurt/M.
Probleme der Zugförderung im Zusammenhang mit der Ausnutzung der Atom-Energie
in Vorbereitung

HEFT 538
Prof. Dr. K. Hinsberg, Düsseldorf
Reaktion zur Frühdiagnose von Krebserkrankungen
1958, 28 Seiten, 1 Abb., 3 Tabellen, DM 7,00

HEFT 539
Prof. Dr. L. v. Ubisch, Norwegen
Die philogenetischen Symmetrieveränderungen bei den Seeigeln
in Vorbereitung

HEFT 540
Prof. Dr. rer. nat. H. Krebs, Bonn
Die katalytische Aktivierung des Schwefels
in Vorbereitung

HEFT 541
Prof. Dr. O. Schmitz-DuMont, Bonn
Reaktionen in flüssigem Ammoniak zur Gewinnung von 1. Titanylamid, 2. Oxykobalt (III)-amiden, 3. Ammonobasischen Kobalt (III)-benzylaten
in Vorbereitung

HEFT 542
Dr. phil. nat. G. Zapf, Schwelm
Entwicklung eines Verfahrens zur Herstellung von Formteilen aus Sintermessing
in Vorbereitung

HEFT 543
Prof. Dr. phil. habil. H. E. Schwiete, Dr. phil. H. Müller-Hesse und Dipl.-Ing. G. Gelsdorf, Aachen
Einlagerungsversuche an synthetischem Mullit. Teil II
1958, 42 Seiten, 5 Abb., 10 Tab., DM 10,—

HEFT 544
Prof. Dr. phil. habil. H. E. Schwiete, Dr.-Ing. A. K. Bose und Dr. phil. H. Müller-Hesse, Aachen
Die Schmelzphase in Schamottesteinen. — Teil II
in Vorbereitung

HEFT 545
Prof. Dr. phil. habil. H. E. Schwiete, Dr. rer. nat. G. Ziegler und Dipl.-Ing. Ch. Kliesch, Aachen
Thermochemische Untersuchungen über die Dehydration des Montmorillonits
in Vorbereitung

HEFT 546
Prof. Dr.-Ing. K. Leist und K. Graf, Aachen
Vergleich von Gleichdruck- und Verpuffungsgasturbinen
in Vorbereitung

HEFT 547
Prof. Dr.-Ing. K. Leist, K. Graf und D. Stojek, Aachen
Das betriebliche Verhalten von Gasturbinen-Fahrzeugen
in Vorbereitung

HEFT 548
Prof. Dr.-Ing. K. Leist und J. Weber, Aachen
Spannungsoptische Untersuchungen von Turbinenscheiben mit angefrästen und eingesetzten Schaufeln
in Vorbereitung

HEFT 549
Dr.-Ing. R. Merten, Duisburg
Resonanzanpassung bei einem Tiefpaß
1958, 36 Seiten, 16 Abb., DM 9,—

HEFT 550
Dr. H. Stephan, Bonn
Elektrisches Standhöhenmeßgerät für Flüssigkeiten
1958, 40 Seiten, 13 Abb., 2 Tab., DM 10,10

HEFT 551
Prof. Dr. phil. W. Weizel und Dipl.-Phys. B. Brandt, Bonn
Betriebsbedingungen einer stromstarken Glimmentladung
1958, 68 Seiten, 18 Abb., DM 16,00

HEFT 552
Dr.-Ing. G. Leiber und Dipl.-Ing. D. Schauwinhold, Duisburg-Hamborn
Versuche zur Erzeugung halbberuhigten Stahles
1958, 42 Seiten, 23 Abb., 6 Tabellen, DM 11,30

HEFT 553
Prof. Dr. rer. pol. G. Garbotz und Dipl.-Ing. J. Theiner, Aachen
Untersuchungen der Walzverdichtungsvorgänge auf Lößlehm, Kies und Schotter
in Vorbereitung

HEFT 554
Prof. Dr.-Ing. H. Müller, Essen
Untersuchung von Elektrowärmegeräten für Laienbedienung hinsichtlich Sicherheit und Gebrauchsfähigkeit. — Teil II: Temperaturen an und in schmiegsamen Elektrogeräten
in Vorbereitung

HEFT 555
Prof. Dr. med. H. Elbel und Dipl.-Phys. K. Sellier, Bonn
Der Nachweis kleinster CO-Mengen in Körperflüssigkeiten
1958, 36 Seiten, 12 Abb., DM 9,10

HEFT 556
Prof. Dr. A. Gütgemann und Dr. med. G. Karcher, Bonn
Klinische und experimentelle Untersuchungen mit Hilfe einer künstlichen Niere
1958, 28 Seiten, 4 Abb., DM 7,10

HEFT 557
Dr.-Ing. H. Schiffers, Dipl.-Ing. D. Ammann, Dipl.-Ing. E. Brugger und R. Dicke, Aachen
Härtbarkeit von Gußeisen mit Lamellen- und Kugelgraphit in Abhängigkeit von Zusammensetzung und Gefüge
1958, 44 Seiten, 24 Abb., 1 Tab., DM 11,—

HEFT 558
Dr. phil. C. A. Roos, Aachen
Menschlich bedingte Fehlleistungen im Betrieb und Möglichkeiten ihrer Verringerung
in Vorbereitung

HEFT 559
Prof. Dr. H. E. Schwiete und Dipl.-Chem. R. Gauglitz, Aachen
Die Verflüssigung von Montmorillonitschlämmen
in Vorbereitung

HEFT 560
Prof. Dr. med. J. Vonkennel und Dr. G. Froitzheim, Köln
Zur Prüfung silikonhaltiger Hautschutzsalben
in Vorbereitung

HEFT 561
Prof. Dipl.-Ing. W. Sturtzel und Dr.-Ing. Schmidt-Stiebitz, Duisburg
Verbesserung des Wirkungsgrades von Düsenpropellern durch zusätzlich angeordnete Mischdüsen
in Vorbereitung

HEFT 562
Prof. Dr.-Ing. H. Schenck, Prof. Dr. phil. habil N. G. Schmahl und Dr.-Ing. G. Funke, Aachen
Die Reduzierbarkeit von Eisenerzen
in Vorbereitung

HEFT 563
Dr. D. v. Oppen, Dortmund
Beiträge zur Soziologie der Gemeinde im Ruhrgebiet.— II. Familien in ihrer Umwelt
in Vorbereitung

HEFT 565
Dr. K. Hahn und Dr. R. Mackensen, Dortmund
Beiträge zur Soziologie der Gemeinde im Ruhrgebiet. — IV. Die kommunale Neuordnung des Ruhrgebietes, dargestellt am Beispiel Dortmunds
in Vorbereitung

HEFT 566
Dr. H. Klages, Dortmund
Der Nachbarschaftsgedanke und die nachbarliche Wirklichkeit in der Großstadt
in Vorbereitung

HEFT 567
Dr. rer. nat. K. Sauerwein, Düsseldorf
Anwendungen radioaktiver Isotope in der Technik
in Vorbereitung

HEFT 568
Prof. Dr. Alde, Dipl.-Chem. M. Dollhausen und Dipl.-Chem. M. Tremery, Köln
Über einige neue Reaktionen des Indens
in Vorbereitung

HEFT 569
Dr. phil. habil. P. Hölemann, Ing. R. Hasselmann und J. Strootmann, Düsseldorf
Acetylenverluste an Naßentwicklern
in Vorbereitung

HEFT 570
Prof. Dr.-Ing. habil. K. Krekeler, Dr.-Ing. H. Peukert und Dipl.-Ing. O. Schwarz, Aachen
Kerbempfindlichkeit thermoplastischer Kunststoffe abhängig von der Kerbform und der Beanspruchungstemperatur
in Vorbereitung

HEFT 571
Privatdozent Dr. med. W. Klosterkötter, Münster
Wirkung der Kieselsäure bei der Entstehung der Silikose
1958, 166 Seiten, 98 Abb., DM 41,95

HEFT 572
Dipl.-Kaufmann Dipl.-Volksw. Jean-Baptiste Felten, Köln
Wert und Bewertung ganzer Unternehmungen unter besonderer Berücksichtigung der Energiewirtschaft
in Vorbereitung

HEFT 573
Prof. Dr. phil. F. Wever, Dr. rer. nat. W. Jellinghaus und Dr.-Ing. Toshimori Shuin, Düsseldorf
Gemischt-keramische Sinterwerkstoffe aus Aluminiumoxyd und Eisen oder Eisenlegierungen
in Vorbereitung

HEFT 574
Dr.-Ing. habil. H. Klingelhöffer, München
Trocknungsvorgänge beim Beschichten von Papier und Pappen mit Kunststoffdispersionen
in Vorbereitung

HEFT 575
Prof. Dr. phil. habil. C. Kröger, Aachen
Verkokungsverhalten der Steinkohlenmacerale und ihrer Mischungen
in Vorbereitung

HEFT 576
Prof. Dr. F. Micheel und Dr. H. G. Bussmann, Münster
Untersuchungen synthetischer Kohlenhydrat-Eiweißverbindungen mit der Ultracentrifuge bei der Elektrophorese
in Vorbereitung

HEFT 577
S. Ruff u. a.
Untersuchungen zur therapeutischen Anwendung des Sauerstoffmangels
1958, 128 Seiten, 30 Abb., DM 29,10

HEFT 578
G. Fellner
Der Einfluß der Fluggeschwindigkeit auf die Wirtschaftlichkeit von Durch- und Ausstromtriebwerk
in Vorbereitung

HEFT 579
Dipl.-Ing. H. J. Koch, Essen
Untersuchungen über den Abhebedruck von Brenngasen
in Vorbereitung

HEFT 580
Prof. Dr.-Ing. A. Götte und Dipl.-Chem. G. Scholz, Aachen
Unterstützung der Entwässerung von Feinkohle durch chemische Hilfsmittel
in Vorbereitung

HEFT 581
Obermedizinalrat a. D. Dr. med. F. Bassermann, Regensburg
Elektronenoptische Untersuchungen an Ultradünnschnitten des Tuberkulose-Erregers sowie der käsigen Gewebsnekrose und zum Problem des Vorkommens einer mycobakteriellen L-Phase
in Vorbereitung

HEFT 582
Dr. phil. C. A. Roos, Aachen
Arbeitsleistung und Arbeitsgüte
in Vorbereitung

HEFT 583
Prof. Dr. phil. F. Kirchner, Dipl.-Phys. H. Baron und Dipl.-Phys. H. Kirchner, Köln
Verwendbarkeit von Zählrohren zu massenspektrometrischen Untersuchungen
in Vorbereitung

HEFT 584
G. Kroebel, Köln
Maßnahmen der Nachwuchs- und Talentförderung im Deutschen Gewerkschaftsbund
1958, 72 Seiten, DM 16,35

HEFT 585
Dr. phil. M. Simoneit, Köln
Gedanken und Vorschläge zur Auslese technischer Talente
in Vorbereitung

HEFT 586
Dr.-Ing. W. A. Fischer und Dr. rer. nat. A. Hoffmann, Düsseldorf
Verhalten von Eisen- und Stahlschmelzen im Hochvakuum
in Vorbereitung

HEFT 587
Dipl.-Ing. H. Schmidt, Krefeld
Auswirkung der Strömungsverhältnisse in Trommelwaschmaschinen unter besonderer Berücksichtigung des Durchlaufspülens
in Vorbereitung

HEFT 588
Dr.-Ing. W. Wilhelm, Aachen
Untersuchungen über den Einfluß der Auspuffrohrabmessungen auf den Ladungswechsel einer Einzylinder-Zweitakt-Vergasermaschine mit Kurbelkastenspülung
in Vorbereitung

HEFT 589
Prof. Dr. phil. habil. C. Kröger, Aachen
Wärmebedarf der Silikatglasbildung
in Vorbereitung

HEFT 590
Übergabe des Synchro-Zyklotrons an das Institut für Strahlen- und Kernphysik der Universität Bonn am 8. Mai 1957
in Vorbereitung

HEFT 591
Dr. Schairer, Köln
Aufgabe, Struktur und Entwicklung der Stiftungen
in Vorbereitung

HEFT 592
Verein zur Förderung des Forschungsinstituts für Rationalisierung an der Rhein.-Westf. Technischen Hochschule Aachen
Das Forschungsinstitut für Rationalisierung an der Rhein.-Westf. Technischen Hochschule Aachen
in Vorbereitung

HEFT 593
Dr. phil. C. A. Roos, Aachen
Berufseignung und Berufseinsatz — I. Teil
in Vorbereitung

HEFT 594
Prof. Dr. A. Nikuradse, München
Energieabsorption von Atomkernstrahlen in organischen Stoffen und durch sie hervorgerufene Reaktionsprozesse
in Vorbereitung

HEFT 595
Prof. Dr. A. Nikuradse und Dipl.-Phys. K. Kugler, München
Einfluß der molekularen bzw. atomaren Beschaffenheit der Festwandoberflächenschicht auf die Wechselwirkung zwischen auftreffenden Gasmolekülen und der Wand
in Vorbereitung

HEFT 596
Dipl.-Ing. K.-H. Hardieck, Aachen
Theoretische und experimentelle Untersuchungen der stationären Vorgänge in magnetischen Verstärkern
in Vorbereitung

HEFT 597
Prof. Dr. phil. F. Wever, Dr. phil. W. Wink und Dr. rer. nat. W. Jellinghaus, Düsseldorf
Suszeptibilitätsmessungen an hochwarmfesten Legierungen auf Nickel-Chrom- und Kobalt-Nickel-Chrom-Grundlage
in Vorbereitung

HEFT 598
Prof. Dr.-Ing. F. A. F. Schmidt, Aachen
Hydrodynamische und mechanische Gesetzmäßigkeit eines nach dem Scheibenverteilerprinzip arbeitenden Einspritzsystems für Ottomotore
in Vorbereitung

WESTDEUTSCHER VERLAG · KÖLN UND OPLADEN

HEFT 599
Dr. phil. W. Koch und Dipl.-Phys. Dr. phil. H. Sundermann, Düsseldorf
Elektrochemische Grundlagen der Isolierung von Gefügebestandteilen in metallischen Werkstoffen
in Vorbereitung

HEFT 600
Dr. phil. W. Koch, Dr. phil. S. Eckhard und Dr. rer. nat. F. Stricker, Düsseldorf
Die lichtelektrische Spektralanalyse der Gase im Stahl
in Vorbereitung

HEFT 601
W. Barbo und E. Stiller, Köln
Die Lage des Technisch-Wissenschaftlichen Nachwuchses und der Technisch-Wissenschaftlichen Hochschulen in der Bundesrepublik
in Vorbereitung

HEFT 602
H. von Stebut, Köln
Die Hochschulen in der Aufwärtsentwicklung Westdeutschlands
in Vorbereitung

HEFT 603
Prof. Dr.-Ing. L. Engel und Dr.-Ing. J. Foerster, Clausthal-Zellerfeld
Gummielastische Stoffe als Dämpfungselemente an schlagenden Werkzeugen
in Vorbereitung

HEFT 604
Dipl.-Ing. H. Gröttrup, Aachen
Studienanalyse halbautomatischer Dokumentationsselektoren
in Vorbereitung

HEFT 605
Ing. L. Bommes, M.-Gladbach
Bestimmung von Leistung und Wirkungsgrad eines Ventilators
in Vorbereitung

HEFT 606
Oberbaurat Prof. Dr.-Ing. W. Meyer zur Capellen, Aachen
Eine Getriebegruppe mit stationärem Geschwindigkeitsverlauf
in Vorbereitung

HEFT 607
Prof. Dr. rer. pol. H. Jecht, Münster
Die Wettbewerbslage der westdeutschen Juteindustrie
in Vorbereitung

HEFT 608
Prof. Dr. habil. W. Linke und Dipl.-Ing. W. Hufschmidt, Aachen
Wärmeübergang bei pulsierender Strömung
in Vorbereitung

HEFT 609
Technisch-Wissenschaftliches Büro für die Bastfaserindustrie, Bielefeld
Verteilung der Bastfasern im Verzugsfeld einer Nadelstabstrecke
1958, 56 Seiten, 10 Abb., 2 Tab., DM 13,45

HEFT 610
Prof. J. W. Korte, Dr.-Ing. P. A. Mäcke und Dipl.-Ing. R. Lapierre
Gestaltung von Straßenverkehrsanlagen
in Vorbereitung

HEFT 611
Dr. R. Schairer, Köln
Aufgaben der Talentförderung
in Vorbereitung

HEFT 612
Dr. H. Bauer, Köln
Der Betrieb als Bildungsfaktor
in Vorbereitung

HEFT 613
Prof. Dr. phil. habil. E. Graeser, Göttingen
Vergleichende Studien über die Art, die Bedeutung und den Erfolg der Ausbildung von Ingenieuren, Mathematikern und Naturwissenschaftlern in der sogenannten Deutschen Demokratischen Republik und in der Bundesrepublik
in Vorbereitung

HEFT 614
Prof. Dr. W. Weltzien, Krefeld
Die Textilforschungsanstalt Krefeld 1920—1958
Ein Bericht zur Einweihung ihres Neubaus Frankenring 2
1958, 100 Seiten, 16 Abb., 23,50

HEFT 615
Prof. Dr. W. Weizel und Duk Hyun Whang, Bonn
Stromverteilung auf der Kathode einer Glimmentladung in Spalten bei hohen Drucken und abseits stehender Anode
in Vorbereitung

HEFT 616
Prof. Dr. W. Weizel und W. Oblendorf, Bonn
Die Glimmentladung in spaltartigen Entladungsräumen
in Vorbereitung

HEFT 617
Prof. Dipl.-Ing. W. Sturtzel und Dr.-Ing. W. Graff, Duisburg
Systematische Untersuchungen von Kleinschiffsformen auf flachem Wasser im unter- und überkritischen Geschwindigkeitsbereich
in Vorbereitung

HEFT 618
Prof. Dipl.-Ing. W. Sturtzel, Dr.-Ing. W. Graff, Duisburg
Untersuchungen der in stehendem und strömendem Wasser festgestellten Änderungen des Schiffswiderstandes durch Druckmessungen
in Vorbereitung

HEFT 619
Prof. Dr. med. O. Graf, Dr. med. Dr. phil. J. Rutenfranz, Dortmund
Zur Frage der Belastung von Jugendlichen
in Vorbereitung

HEFT 620
Dr. rer. nat. D. Horstmann, Düsseldorf
Der Einfluß von Aluminium im Eisen- und im Zinkbad auf den Zinkangriff
in Vorbereitung

HEFT 621
Techn.-Wissensch. Büro für die Bastfaser-Industrie, Bielefeld
Untersuchungen zur Verbesserung des Leinenwebstuhles V
in Vorbereitung

HEFT 622
Prof. Dr. W. Franz, Münster
Theorie der Elektronenbeweglichkeit in Halbleitern
in Vorbereitung

HEFT 623
Dr. phil. C. A. Roos, Aachen
Berufseignung und Berufseinsatz, II. Teil
in Vorbereitung

HEFT 624
Prof. Dr. G. Schmölders, Köln
Progression und Regression
in Vorbereitung

HEFT 625
Prof. Dr.-Ing. habil. W. Petersen und Dr.-Ing. S. Wawroscheck, Aachen
Brikettierungsversuche zur Erzeugung von Möllerbriketts für die Schwelverhüttung
in Vorbereitung

HEFT 626
Deutsches Krankenhaus-Institut e.V., Düsseldorf
Arbeitsabläufe auf Krankenstationen
in Vorbereitung

HEFT 627
Prof. Dr. phil. H. Wurmbach, Bonn
Steuerung von Wachstum und Formbildung
in Vorbereitung

HEFT 628
Prof. Dr.-Ing. E. Siebel, Düsseldorf
Die Ermittlung der Fließkurven von Schraubenwerkstoffen
in Vorbereitung

WESTDEUTSCHER VERLAG · KÖLN UND OPLADEN

If you have any concerns about our products,
you can contact us on
ProductSafety@springernature.com

In case Publisher is established outside the EU,
the EU authorized representative is:
**Springer Nature Customer Service Center GmbH
Europaplatz 3, 69115 Heidelberg, Germany**

Printed by Libri Plureos GmbH
in Hamburg, Germany